湖北省科学技术协会 2024 年度湖北省科普教育基地提能项目资助

玩转物理：趣味实验大揭秘

WANZHUAN WULI：QUWEI SHIYAN DA JIEMI

胡永金　毛书哲　陈杰　编著

图书在版编目(CIP)数据

玩转物理：趣味实验大揭秘 / 胡永金，毛书哲，陈杰编著. —武汉：中国地质大学出版社，2025.6. —ISBN 978-7-5625-6227-6

Ⅰ．O4-49

中国国家版本馆 CIP 数据核字第 20259KG545 号

玩转物理:趣味实验大揭秘	胡永金　毛书哲　陈杰　编著
责任编辑:郑济飞	责任校对:徐蕾蕾

出版发行:中国地质大学出版社(武汉市洪山区鲁磨路388号)　　邮编:430074
电　　话:(027)67883511　　传　　真:(027)67883580　　E-mail:cbb@cug.edu.cn
经　　销:全国新华书店　　　　　　　　　　　　　　　https://cugp.cug.edu.cn

开本:787mm×960mm　1/16　　　　　　字数:320千字　　　印张:16
版次:2025年6月第1版　　　　　　　　印次:2025年6月第1次印刷
印刷:湖北睿智印务有限公司

ISBN 978-7-5625-6227-6　　　　　　　　　　　　　　　　　　定价:88.00元

如有印装质量问题请与印刷厂联系调换

《玩转物理:趣味实验大揭秘》编委

顾　　问：熊永臣
主　　编：胡永金　毛书哲　陈　杰
编　　委：周晓红　吕东燕　吴承瑞　贺泽东
　　　　　张　琴　董娅君　马吉星　陈　伟
　　　　　张　俊　颜　恺　吴雨峰　赵　帅
　　　　　孙源甫　王鹏至　胡　畅　叶　攀
　　　　　郎　宇　周　婧

前言

清晨的闹钟为何能穿透你的梦境？自行车辐条在转动时为何会消失？手机摄像头如何将三维世界转化为二维图像？这些看似平常的现象，实则都是物理学写给我们的诗行。随着人工智能的迅猛发展、智能设备和机器人的日益普及，我们与物理学的距离从未如此之近，却又时常陷入"不识庐山真面目"的认知困境。本书通过一系列科学实验，带领读者拨开表象的迷雾，通过亲身设计、操作和改进实验，感受物理规律如何主导着自然界的运行与演化过程。

在常人眼中，物理学往往充满奥秘与玄机，充斥着晦涩的理论模型和复杂的公式推导。本书通过一系列通俗易懂、妙趣横生的小实验，揭开物理世界的神秘面纱，让你直观感受物理现象的奇妙之处，体会科学的自然魅力与神奇力量。我们以生活中常见的物品（如吸管、硬币、磁铁和易拉罐等）为实验器材，搭建起通往物理世界的桥梁。当你发现人能"隐身"、普通的铜线圈能隔空取电时，收获的不仅是新奇感，更是对世界运行规律的深刻认知。

本书精选的 70 多个实验项目构成层层递进的认知阶梯：从观察彩色电流线认识电荷的运动规律，到通过自制非牛顿流体理解流体力学的奇异特性，再到利用佩珀尔幻象探索光的奥秘。每个实验均遵循"生活启发→科学原理→实验体验→知识延伸"的探索路径，其中"科学小知识"版块既为初学者提供基础物理概念的理解，又为进阶学习者预留深入探索的空间。当你亲手制作的简易发电机开始旋转时，那跃动的电火花正是科学思维跃升的生动见证。

我们常被历史上伟大科学家的探索精神所感动：富兰克林冒着雷击风险放飞风筝时的执着、居里夫人在棚屋中提炼镭元素时的坚韧、费曼在黑板前描绘量子路径积分时的狂喜。科学探索既是理性的远征，更是感性的朝圣。愿你能像孩童一样，在制作水果电池的柠檬清香里，在观察肥皂膜折射的彩虹光晕中，重拾人类最原始的好奇本能——那是普罗米修斯甘冒天罚盗取的火种，更是镌刻在人类文明探索基因中的永恒密码。在本书付梓之际，我们仿佛已看见无数双好奇的手正在拆解收音机、组装望远镜、调试电磁秋千，这些跃动的身影让我们想起费曼在《物理学讲义》开篇的宣言:"假如大灾难抹去了所有科学知识,如果给后代只能留下一句话,那应该就是原子假说。"愿本书成为你书桌上的微型对撞机,在思维的粒子碰撞中,助你探寻万物至理的真谛。

在湖北省科学技术协会2024年度湖北省科普教育基地提能项目的资助下,我们组织湖北汽车工业学院相关专家学者编写了本书。在本书编写过程中,十堰市科学技术协会相关领导和专家给予了非常专业和细致的指导。

限于编者的水平,书中难免有疏漏和不妥之处,恳请同行专家和读者批评指正。

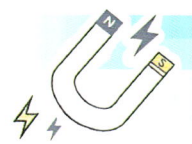

目　录

1　力学实验 ·· (1)

 1.1　四两拨千斤 ·· (2)
 1.2　自己拉自己 ·· (5)
 1.3　锥体上滚 ··· (8)
 1.4　共振鼓 ··· (11)
 1.5　"金盆洗手" ·· (14)
 1.6　刚体转动 ··· (17)
 1.7　逆风行舟 ··· (20)
 1.8　机械碰撞和动量守恒 ··· (23)
 1.9　陀螺仪 ··· (26)
 1.10　空间弯曲 ··· (29)

2　热学实验 ·· (32)

 2.1　偶然中的规律性——伽尔顿板 ································ (33)
 2.2　饮水鸟 ··· (36)
 2.3　躺着的蒸汽机 ··· (39)
 2.4　斯特林发动机 ··· (42)
 2.5　温差发电 ··· (45)
 2.6　热磁轮 ··· (49)

3　电磁学实验 ··· (52)

 3.1　可见的电流线 ··· (53)
 3.2　人体导电 ··· (56)
 3.3　跨步电压 ··· (59)

3.4　温柔的电击 …………………………………………… (62)
　　3.5　电涡流 …………………………………………………… (65)
　　3.6　"怒发"冲冠 …………………………………………… (68)
　　3.7　雅各布天梯 …………………………………………… (71)
　　3.8　法拉第电笼 …………………………………………… (74)
　　3.9　辉光球 …………………………………………………… (77)
　　3.10　电磁加速器 …………………………………………… (80)
　　3.11　电磁炮 …………………………………………………… (83)
　　3.12　激光琴 …………………………………………………… (86)

4　光学实验 …………………………………………………… (89)

　　4.1　三基色 …………………………………………………… (90)
　　4.2　物像握手 …………………………………………………… (92)
　　4.3　隐身魔术 …………………………………………………… (94)
　　4.4　人造火焰 …………………………………………………… (97)
　　4.5　电影原理 …………………………………………………… (100)
　　4.6　万丈深渊 …………………………………………………… (103)
　　4.7　幻影花 ……………………………………………………… (106)
　　4.8　穿墙而过 …………………………………………………… (109)
　　4.9　神奇的激光 ………………………………………………… (112)
　　4.10　3D电视 …………………………………………………… (114)

5　新科技类实验 ……………………………………………… (117)

　　5.1　宇宙的恩赐之太阳能发电 ………………………………… (118)
　　5.2　链式反应的核能发电 ……………………………………… (121)
　　5.3　稀土壁画：夜光材料 ……………………………………… (125)
　　5.4　声波悬浮 …………………………………………………… (128)
　　5.5　光纤通信 …………………………………………………… (131)
　　5.6　"千里眼"雷达 …………………………………………… (135)
　　5.7　"铁树开花"：记忆合金 ………………………………… (140)
　　5.8　苍天有眼：卫星定位 ……………………………………… (143)

  5.9 亦真亦幻：三维全息影像 ·················· (146)

  5.10 "隔空取电"：无线充电技术 ·················· (149)

6　科学探索实验 ·················· (153)

  6.1 大气压的奥秘 ·················· (154)

  6.2 滴水不漏的筛子 ·················· (158)

  6.3 以小缚大 ·················· (162)

  6.4 易拉罐平衡术 ·················· (165)

  6.5 平衡一线 ·················· (168)

  6.6 非牛顿流体 ·················· (172)

  6.7 吸管"神功" ·················· (175)

  6.8 人造烟圈 ·················· (179)

  6.9 浓烟瀑布 ·················· (184)

  6.10 刷子奔走 ·················· (187)

  6.11 马格努斯滑翔机 ·················· (190)

  6.12 悬浮的中性笔 ·················· (193)

  6.13 以小胜大 ·················· (197)

  6.14 静电浮力 ·················· (200)

  6.15 电磁翘板 ·················· (204)

  6.16 磁力炮弹 ·················· (207)

  6.17 佩珀尔幻象 ·················· (210)

  6.18 硬币重现 ·················· (213)

7　汽车上的物理知识 ·················· (216)

  7.1 空气动力学原理与汽车外形 ·················· (217)

  7.2 光学技术与汽车照明和行驶安全 ·················· (220)

  7.3 汽车行驶中的运动学与力学知识 ·················· (225)

  7.4 时空关系妙用于汽车驾驶辅助系统 ·················· (228)

  7.5 基于传感器技术的防夹功能 ·················· (232)

  7.6 电流热效应的车窗加热功能 ·················· (234)

  7.7 汽车上的物理知识应用展望 ·················· (236)

8 科学家精神 (238)

8.1 爱国科学家的感人故事 (239)
8.2 弘扬和传承科学家精神 (243)
8.3 新时代呼唤更多的科学家 (244)

主要参考文献 (246)

1 力学实验

1.1 四两拨千斤

"四两拨千斤"是一武术技法术语,初见于太极拳《打手歌》:任他巨力来打我,牵动四两拨千斤。这就是所谓的顺势借力,达到以小力胜大力的效果。"四两拨千斤"在物理学中是杠杆原理的一种具体应用,只要找好一个支点,利用杠杆原理,就可以实现以小博大、以弱胜强的效果。阿基米德曾经说过:"给我一根杠杆和一个支点,我就能撬动地球。"这应该是"四两拨千斤"能够达到的最高境界了。

科学原理

杠杆有 5 个基本要素:支点、动力、动力臂、阻力、阻力臂。如图 1.1-1 所示,图中 O 为支点,F_1 为动力,F_1 到支点的距离为动力臂 L_1,F_2 为阻力,F_2 到支点的距离为阻力臂 L_2。杠杆平衡方程:动力×动力臂=阻力×阻力臂,即 $F_1 \times L_1 = F_2 \times L_2$。

掌握了杠杆的平衡原理,现在我们再来分析阿基米德的那句名言"给我一根杠杆和一个支点,我就能撬动地球",如果动力臂足够长且杆足够坚固,而支点又能够承受足够大的压力,阿基米德确实能撬动地球,如图 1.1-2 所示。

实验方法

(1)两个实验者分别握住仪器两侧的两个大转轮,沿两个相反的方向使劲用力转动(图 1.1-3),看谁能够首先转动起来,这样可以测试出谁使出的力量会更大一些。

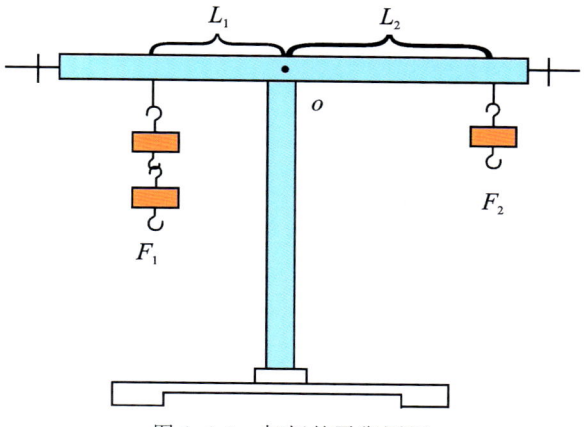

图 1.1-1　杠杆的平衡原理

图 1.1-2　阿基米德用杠杆撬动地球示意图

（2）如果力量较小的实验者握大轮，力量较大的实验者改握小轮，也有可能达到以小胜大的效果。

注意事项

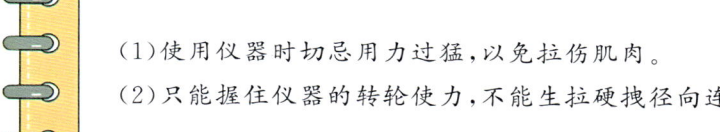

（1）使用仪器时切忌用力过猛，以免拉伤肌肉。
（2）只能握住仪器的转轮使力，不能生拉硬拽径向连接杆。

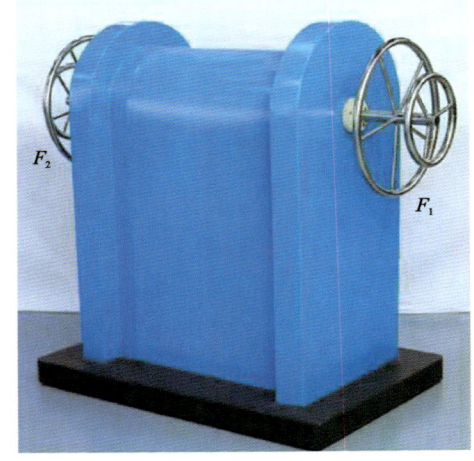

图 1.1-3 比比谁的力气大

科学小知识

根据动力臂和阻力臂的长短,杠杆可以分为省力杠杆、费力杠杆和等臂杠杆三大类。动力臂比阻力臂长的杠杆称为省力杠杆,生活中常见的省力杠杆有指甲剪、开瓶器、吊车、汽车方向盘、榨汁器、扳手、动滑轮、胡桃钳等。阻力臂比动力臂长的杠杆称为费力杠杆,生活中常见的费力杠杆有镊子、钓鱼竿、理发用的剪刀、筷子、火钳等。动力臂和阻力臂相同的杠杆称为等臂杠杆,生活中常见的等臂杠杆有天平、跷跷板等。根据实际需要,在不同的场合下,可以选择不同类型的杠杆。通常情况下,省力杠杆比较浪费距离,费力杠杆比较节省距离。

四两拨千斤

1.2 自己拉自己

如果我们想用自己的双手把自己的身体拉起来离开地面，该怎么实现这个想法呢？其实这不是异想天开，只要利用一个定滑轮和一个动滑轮组成的滑轮组，就可以把自己轻松地拉起来。

滑轮组的应用非常广泛，常见的应用有电梯、升旗杆、窗帘、威亚、船帆、缆车、吊车、塔吊、升降机、起重机、卷扬机等，涵盖了日常生活、工业生产、影视拍摄、健身运动等诸多领域。

科学原理

滑轮是一个周边有槽且能够绕轴转动的轮子，是由可绕中心轴转动有沟槽的圆盘和跨过圆盘的柔索（绳、胶带、钢索、链条等）所组成的可以绕着中心轴旋转的简单机械。滑轮是一种变形后的特殊杠杆。

滑轮可以分为定滑轮和动滑轮。中心轴固定不动的滑轮称为定滑轮，定滑轮的动力臂和阻力臂都等于滑轮的半径，所以定滑轮是一种等臂杠杆。它的特点是不省力，但是可以改变力的方向。轴的位置随着被拉物体可以一起运动的滑轮称为动滑轮，动滑轮是动力臂等于两倍阻力臂的杠杆，所以动滑轮是一种省力杠杆，它的特点是不能改变力的方向，但能够省力。动滑轮与定滑轮可以组成滑轮组，滑轮组既可以省力，又可以改变力的方向，是日常生活中常用的简单机械（图 1.2-1）。

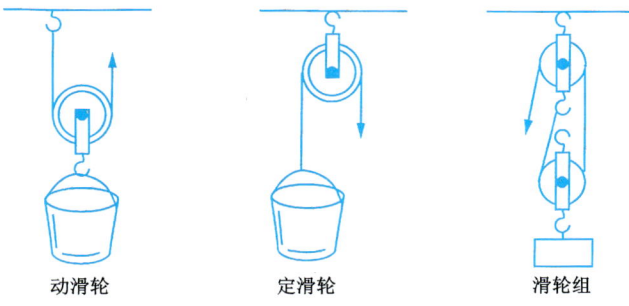

图 1.2-1　动滑轮、定滑轮和滑轮组

实验方法

（1）实验者坐在座位上，慢慢拉动定滑轮上掉下来的绳索，可以将自己拉起来到达最高处（图 1.2-2）。

（2）慢慢松开绳索，让椅子缓缓地回到地面。

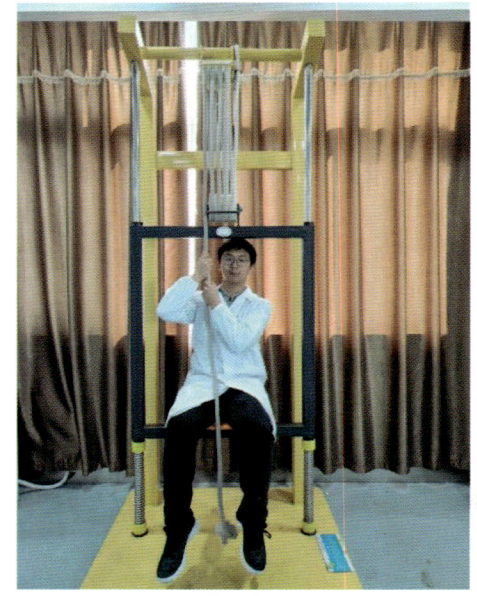

图 1.2-2　自己拉自己

注意事项

(1) 拉放绳索时切忌速度过快，以免发生意外。
(2) 实验者应该坐在椅子上，不能站立起来拉动自己。

科学小知识

滑轮组既可以改变力的方向，又可以省力，所以其应用非常广泛，下面介绍一些应用实例。

(1) 电梯。在电梯系统中，滑轮的作用非常重要，它们通过高强度的钢丝绳把电梯和机房连接起来，起到升降电梯的作用。当电梯启动时，电动机会带动牵引轮旋转起来，将钢丝绳逐渐卷绕在滑轮上，随着钢丝绳的不断卷绕，电梯的重力也被分摊到不同的钢丝绳上，以达到平衡配重。当电梯到达目标楼层时，控制系统会通过电机驱动滑轮组转动，滑轮和轴承之间的精确配合减小了摩擦力，并且改变拉绳的方向，使得电梯能够平稳地停在目标楼层处。

(2) 起重机。起重机滑轮组通常由一个或多个滑轮以及与之相连的轴承或其他零部件组成。工作时，重物被连接到滑轮组上，通过钢索与另外一根经过滑轮组的钢丝绳相连。起重机既改变了货物的重力方向，又减小了每股钢丝绳的拉力。这样，起重机不但减小了工人的劳动强度，而且大大地提高了工作效率。

(3) 舞台辅助设备。在舞台演出的时候也经常用到滑轮组，舞台灯光设备的移动、舞台幕布的开启与关闭、演员的高空威亚表演等舞台活动都离不开滑轮组的辅助。

自己拉自己

1.3 锥体上滚

俗话说:"水往低处流",意思是水会在重力的作用下从位置高的地方流向位置低的地方。这也说明物体在只受重力的情况下,会从高的位置向低的位置运动,期望达到最稳定的低能量状态。可是,我们在各种科技场馆里会经常看到这样的一种锥体,在不受外力的作用下沿着一个特定轨道向上滚动。你第一次看到这个现象的时候是不是觉得很神奇,因为这和我们直观认知是矛盾的。

科学原理

首先需要了解重心的基本概念,地球上的任何物体都会受到地球的引力作用,就是俗称的物体重力。由于物体的尺寸与地球的半径相比要小很多,通过实验证明,无论物体怎样放置,其重力作用线总是会通过某一个确定的几何点,这个确定的点称为物体的重心。

根据能量最低原理,能量最低的状态是最稳定的平衡态。也就是说,物体在只受重力的时候,重心最低的状态就是其最稳定的平衡态,所以物体经常会从高处向低处运动。

如图 1.3-1 所示,锥体上滚这个设备的轨道是左低右高的,同时也是左窄右宽的。特制的锥体在轨道较窄的左侧,其重心是最高的,但是到了较宽的右侧轨道,重心却是最低的,这符合能量最低原理。所以锥体上滚只是我们视觉上的错觉,实际上它还是从重心高的位置向重心低的位置运动。

实验方法

(1)把锥体放到轨道左侧,轻轻放手,观察锥体向右的运动情况。
(2)多次重复实验,看是不是出现相同的实验效果。

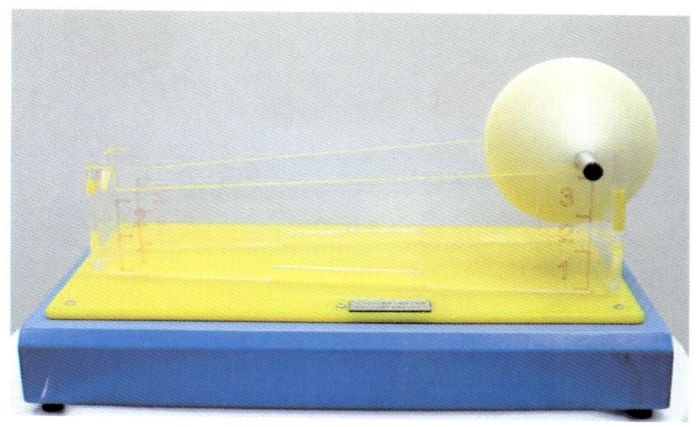

图1.3-1 锥体上滚

注意事项

(1)放置锥体时必须左右对称,不能歪斜。
(2)轨道必须保持一定的粗糙度。

科学小知识

不倒翁是我们生活中经常见到的玩具,它的特点是在被推倒或摆动时总能很快自行恢复原状,不会倒下来。这是因为不倒翁底座里装有密度较大的砂石,

顶部卡通型的巧妙设计使得整个物体重心位置相对较低,而且重心位置相对稳定。这样,即使它被推倒或摆动时,因其重心仍然保持在底部,根据能量最低原理,不倒翁受重力力矩作用恢复原状,这就是不倒翁不易倒的秘密(图1.3-2)。

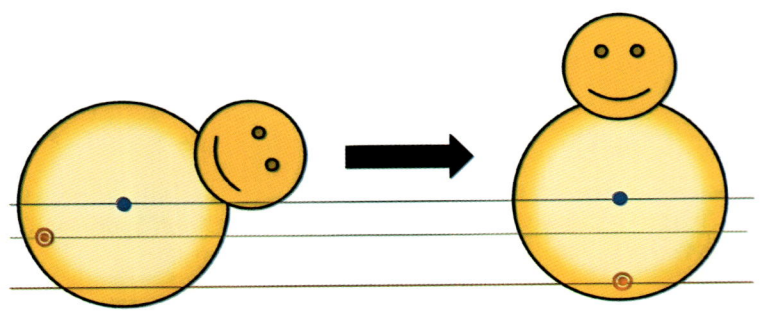

图1.3-2　不倒翁的原理

锥体上滚

1.4 共振鼓

《国史异纂》里记载了这样一个有趣的故事:唐朝时,洛阳有座寺庙里的铜磬常常自己会发出低沉的声音。特别是到了半夜,寺中的钟声悠扬地响起来,铜磬也跟着幽幽地响,在寂静的夜晚听起来让人毛骨悚然。为此,寺里的老和尚神情悸动,恍惚不宁。时间一长,老和尚都给吓病了,卧床不起。老和尚的朋友曹绍夔前来看望他,听说起铜磬作怪的事,觉得很奇怪,然后仔细察看铜磬,其实与别的铜磬并无两样。这时,碰巧寺庙里开饭了,饭堂里响起钟声,那铜磬也跟着发出"嗡嗡"的声响。老和尚又惊惶不安起来,随即钟停了,磬的声音也停止了。曹绍夔思索片刻之后,命人拿来一把锉刀,然后在铜磬上锉了好几道口子。从此磬就不自鸣了,老和尚的病也好起来了。这个故事里的磬为什么会不敲自鸣呢?为什么锉刀锉过之后它就不再自鸣了呢?

科学原理

其实故事里的磬不敲自鸣是由机械振动中的共振现象引起的。在解释共振现象之前,我们应该对振动的基本概念有所了解,振动就是物体的结构系统在其平稳位置来回地做往复运动。我们把振动发生后完成一个完整往复循环运动所需要的时间称为周期,把一秒钟内振动的次数称为频率,振动时物体离开其平衡位置的幅度大小称为振幅。

共振是指结构系统受到外界激励时其振幅达到最大的现象,此时激励频率与系统的固有频率相同或者非常接近。振动时的振幅与激励频率关系如图1.4-1所示。

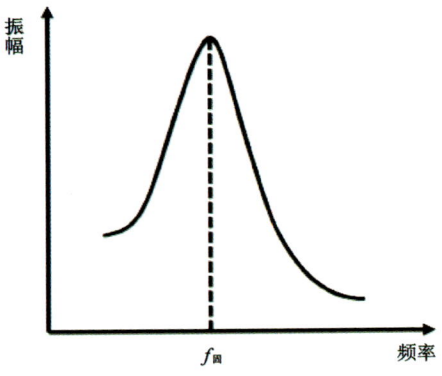

图 1.4-1 振幅与激励频率关系曲线

开篇故事中寺庙里的钟声响起时,钟声的频率与铜磬的固有频率正好相同或者非常接近,这就导致了铜磬的共振现象,从而也会发出声音,这就是铜磬不敲自鸣的原因。曹绍夔用锉刀在铜磬上锉了好几道口子后,通过改变其结构改变了铜磬的固有频率,使其与寺庙的钟声频率不再接近,就不会再发生共振,铜磬也就不会再响了。

实验方法

(1)用鼓槌连续敲击右侧的鼓面(图1.4-2),观察左侧乒乓球的运动情况。

(2)改变鼓槌敲击鼓面的频率,再观察左侧乒乓球的运动情况。

图 1.4-2 共振鼓

科学小知识

共振现象,有时是有利的,但有时也会给人类带来危害。发生共振时,物体的结构本身会比一般情况下发生更大幅度的振动,这就导致可能发生不可预料的后果,也就是共振的危害。英国曼彻斯特的布劳顿吊桥就是因士兵过桥时步伐整齐划一而发生坍塌,美国塔科马海峡大桥因狂风引起桥梁共振而断裂,这都是共振损坏桥梁的案例。当地震发生时,地球内部会释放出巨大的能量,产生强大的地震波,这些能量波在穿越地壳时可分为纵向波、横向波和表面波,可与一些建筑物本身产生共振现象,从而使建筑物快速倒塌。在军事上还有次声波武器,次声波可以与人体内脏器官或者神经系统产生共振现象,导致器官变形、移位,甚至破裂,从而达到消灭敌方有生力量的目的。

1.5 "金盆洗手"

"金盆洗手"这个成语最初指的是西汉时期长安城遗址区古渡口村的一种传统仪式。当时,船民在给长安王宫送粮后,在渭河渡口岸上,举行金盆洗手仪式,以示他们完成了官家的任务。随着时间的推移,"金盆洗手"的含义进行了扩展,它不仅指坏人改过自新或改邪归正,还泛指放弃以前长期从事的行业或某事情。这里讲"金盆洗手"中用到的"金盆",俗称鱼洗盆。鱼洗盆最早出现在先秦时期,而能喷水的铜质鱼洗盆大约出现在唐代。它的大小像一个洗脸盆,底是扁平的,盆沿左右各有一个把柄,称为双耳,盆底刻有四条鲤鱼。鱼洗盆奇妙的地方是,当用手有节奏地摩擦盆边双耳,盆会像受到撞击一样振动起来,盆内水波荡漾。摩擦方法和力度如果恰当,还可以喷出水柱来。在古代,喷起的水柱就是好运的象征,喷起的水柱越高,象征着运气越好。所以古人喜欢用鱼洗盆来洗洗手,博一个好运连连、万事顺意的美好寓意。

 科学原理

我们的双手在摩擦鱼洗盆双耳(图1.5-1)的时候,为什么鱼洗盆里的水会跳动起来形成水柱呢?原因在于双手的摩擦使鱼洗盆产生了受迫振动,同时盆里的水会产生水波在水面上传播。当双手摩擦的频率和鱼洗盆的固有频率一致或者非常接近时,鱼洗盆会产生共振,盆内的水波振幅会达到最大。因为盆内面积有限,水波在传播的过程中遇到盆壁后反射回来,与原先的水波叠加后形成二维驻波。当双手摩擦产生源源不断的水波与反射波叠加在一起,就慢慢形成了能量累积效应,到达一定程度后就会脱离水面形成水柱了。

图 1.5-1　鱼洗盆

实验方法

（1）用鱼洗盆里的水浸湿双手。

（2）按照适当的固定频率前后同步摩擦鱼洗盆的双耳，观察盆里水的振动情况。

注意事项

（1）左右两只手摩擦时应该同步进行，不能一只手快另一只手慢。

（2）鱼洗盆必须放在不会晃动且表面较粗糙的平台上。

科学小知识

共振是一种典型的振动加强现象，在我们的生活中有许多实际的应用场景。电磁共振无线充电是一种利用电磁感应和共振原理实现无线远程充电的技术。电磁共振无线充电需要发射和接收两个共振系统,可分别由两个感应线圈制成。通过调整发射频率使发射端以某一频率振动,其产生的不是到处弥漫的普通电磁波,而是一种非辐射磁场,电能转换成磁场能后,在两个线圈间形成一种能量传输通道。当接收端线圈的固有频率与发射端线圈频率相同时,发生了共振。随着每一次共振的产生,接收端感应器中会产生较大的感应电流。经过多次共振,感应器表面就会集聚足够多的能量,接收端在非辐射磁场中接收其能量,从而完成了磁场能到电能的转换过程,实现了电能的无线传输。

医疗上的核磁共振,其工作原理是核磁共振诊断仪能使人体某一组织或器官中的氢原子核在强磁场空间中发生共振,能使原本无序的氢核按照外磁场的方向重新排列、一起运动。当外部磁场的磁力被取消后,人体内的氢原子会在同一组织内同时回到原来的初始状态。这些变化的信号在整个核磁共振过程中会被计算机系统采集,然后通过数字转换技术转换成三维图像信息,用于临床疾病的诊断和治疗参考。

"金盆洗手"

1.6 刚体转动

在日常生活中,我们会经常遇到刚体转动的场景情况。比如我们开门的时候,如果门比较轻,就很容易把门推开;如果门比较重,我们用相同的力去推门,那么开门的时候就会非常费力。这些都跟刚体的转动有关,它是我们日常生活中常见的转动现象。

科学原理

刚体转动的效果主要用3个物理量来描述:力矩、角加速度和转动惯量。力和力臂的乘积叫做力对转动轴的力矩,它是表示力对物体作用产生转动效应的物理量。角加速度是描述角速度变化快慢和方向的物理量。

转动惯量是刚体绕轴转动时惯性的量度,其演示仪见图1.6-1。转动惯量在旋转动力学中的角色相当于平动动力学中的质量,可理解为一个物体旋转运动时的惯性。转动惯量越大,这个物体的转动惯性就越大,这个物体从静止状态转动起来就越困难;反之转动惯量越小,这个物体的转动惯性就越小,这个物体从静止状态转动起来就越轻松。转动惯量的大小取决于刚体的形状、质量分布和转轴的位置。相同质量的物体,如果其质量分布离转动轴的距离越近,其转动惯量就越小,反之其转动惯量就越大。

刚体定轴转动的角加速度与它所受的合外力矩成正比,与刚体的转动惯量成反比。即在合外力矩相同的前提下,物体的转动惯量越大,其角加速度越小;反之物体的转动惯量越小,其角加速度越大。

实验方法

（1）把质量相同、质量分布不同的两个轮盘放到轨道的同一高度处。

（2）同时释放两个轮盘，观察轮盘下滚时的转速大小和到达底部的时间长短。

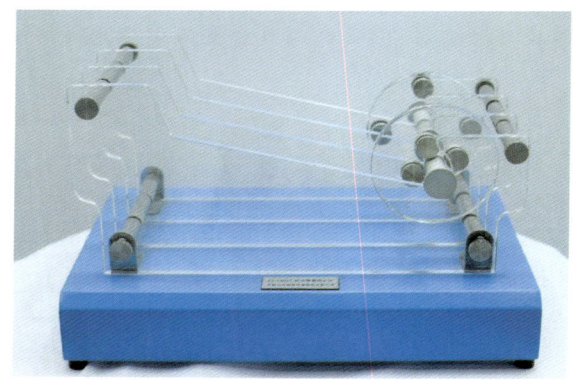

图 1.6-1　转动惯量演示仪

注意事项

（1）轨道距离尽量长一点，而且坡度不能太陡。

（2）轨道上必须粗糙一点，不能让轮盘下滚时出现打滑的现象。

科学小知识

在实际生活中，转动惯量知识的应用非常广泛，从机械手表到风力发电机，都离不开转动惯量的物理原理。

1. 机械手表

机械手表是人类历史上最古老的技术应用之一,其内部工作过程实际上就是一系列的力学知识应用,其中转动惯量在手表的计时和运行方面起着至关重要的作用。手表中有很多摆轮,它的大小和形状对手表的运行速度有很大影响。如果摆轮的转动惯量过大,会导致手表运行逐渐缓慢,甚至停止;如果摆轮的转动惯量过小,将会导致手表运行速度不稳定。因此,摆轮的转动惯量大小需要精确计算,以保证手表的准确性和稳定性。

2. 风力发电机

风力发电机是一种可再生能源设备,它可以利用风能来发电。在风力发电机中,转动惯量也起着重要的作用。风力发电机中的叶片需要具有一定的转动惯量,以应对风速的不断变化。如果叶片的转动惯量过小,会导致叶片转动过快,从而损坏设备;如果叶片的转动惯量过大,会导致叶片转动缓慢,降低发电效率。因此,风力发电机的设计需要考虑到叶片的形状、大小和材料等因素,以保证其具有合适的转动惯量来提高发电效率。

3. 自行车

自行车是一种常见的交通工具,其中也涉及转动惯量的原理。自行车车轮的转动惯量对骑行的平稳性和灵活性有很大的影响。如果车轮的转动惯量过大,会导致骑行不灵活且感觉特别笨重;如果车轮的转动惯量过小,会导致骑行不稳定而左右晃动。因此,在自行车的设计制造过程中,车轮的大小和形状需要精心设计,以保证骑行的灵活性和稳定性。

刚体转动

1.7 逆风行舟

《增广贤文》里有一副对联:"学如逆水行舟,不进则退;心似平原走马,易放难收。"这一副劝谏对联激励了许多不惧困难、奋勇前行的人。前半句"逆水行舟"的意思是顶着逆风行船,比喻学习会遇到各种困难,必须付出更大的努力才能成功。但是,帆船本身是没有动力装置,它们必须靠风力推动来航行。所以对于船帆来说,通常做得十分宽大,这样才能更充分地利用风力。帆船顺风航行的时候能够借助风力行驶得非常快,但是当它遇到逆风的时候,又该如何正常航行呢?

科学原理

瑞士物理学家丹尼尔·伯努利在1726年首先提出了这样一个物理规律:在水流或气流里,如果速度小,压强就大;如果速度大,压强就小。我们称为伯努利原理。帆船在行驶的过程中船帆的弧面是弯曲的,当风从前方斜方向吹过来时,弧面内侧的气流流速小,外侧气流流速大。根据伯努利原理,当逆风行舟的时候,内侧压强大,外侧压强小(图1.7-1),这就导致船帆的内外侧会产生压强差,从而导致了大气压力差。于是在帆面上产生了多个向外侧的合力,这个合力称为"帆面力",即如图1.7-1所示的合力F,它可以按照帆船航行的方向分解为F_1(漂流力)和F_2(推进力),F_1(漂流力)使船身侧向移动,F_2(推进力)是使帆船前进的动力。当帆船航行时,可以通过控制帆面的大小,调整风和帆面的夹角来寻找到最有效的航行线路。所以,需要尽量减少或抵消漂流力F_1,增加前进方向上的推进力F_2。为了平衡帆船的侧向漂流力F_1,帆船上有一个不可或缺的组成部分——龙骨,它是帆船最重要的承重结构,承受船体的纵向弯曲力矩,保证帆船结构强度足够大。龙骨的第二个作用是增加了船的侧面受力面积,提高了船在水中的并联阻抗,减少了船倾斜或是反向转动情况。

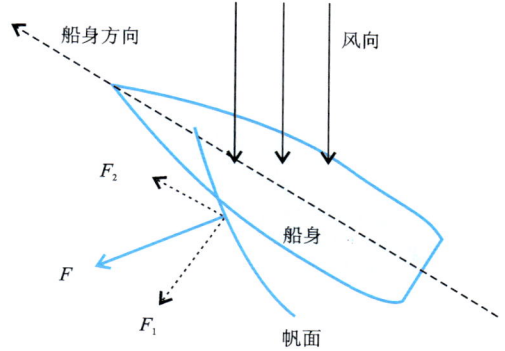

图 1.7-1　逆风行舟的力学分解示意图
F：帆面力；F_1：漂流力；F_2：推进力

实验方法

（1）把帆船模型放到风管的附近，让船身的侧面和风管径向大致平行（图1.7-2）。

（2）打开电源开关，风管开始鼓风，松手放开模型，观察帆船在逆风时的运动情况。

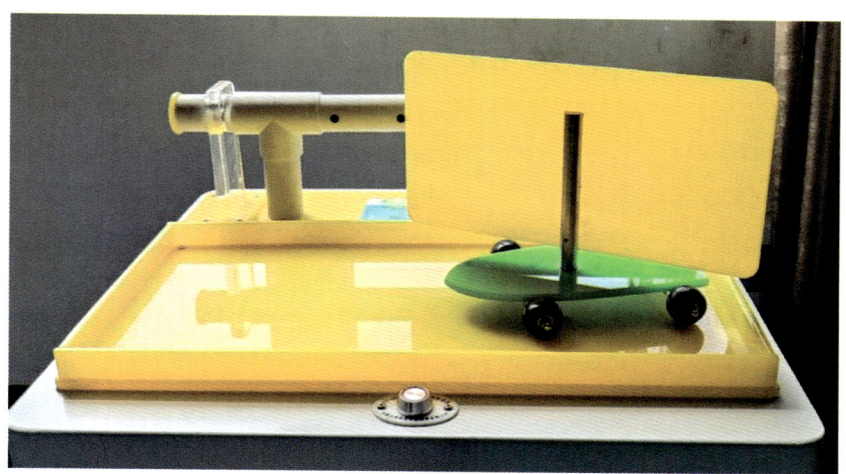

图 1.7-2　逆风行舟实验

注意事项

(1)帆船模型的四个轮子和水平轨道必须清理干净。
(2)帆船模型不能离出风口太远,否则可能因风力不足不能前行。

科学小知识

伯努利原理是流体动力学基本原理之一,其应用非常广泛。

1. 翼型升力

飞机为什么能够飞上天?主要是因为机翼受到向上的升力。飞机飞行时,机翼周围空气的流线分布在机翼横截面上且上下不对称:机翼上方的流线密,流速大;下方的流线疏,流速小。根据伯努利原理,机翼上方的压强小,下方的压强大,这样就在机翼上产生了向上的升力。

2. 列车站台上的安全线

在列车站台上都划有黄色的安全警戒线,这是因为列车高速向站内驶来时,靠近列车车厢的空气被带动而快速流动起来,空气压强减小,站台上的旅客若离列车过近,旅客身体前后会出现明显的压力差,就有可能把旅客推向列车轨道处而出现安全事故。

1.8 机械碰撞和动量守恒

动量守恒定律是自然界中最普遍、最基本的规律之一,与能量守恒定律及角动量守恒定律一起成为现代物理学中的三大基本守恒定律。该定律最初是牛顿定律的推论,后来发现它们的适用范围远远大于牛顿定律,是比牛顿定律更普适的物理规律。动量守恒定律不仅适用于宏观物体的低速运动,也适用于微观物体的高速运动。所以小到微观粒子,大到宇宙天体,无论内力是什么性质的力,只要满足守恒条件,就会符合动量守恒定律。

科学原理

一个系统不受外力或所受外力之和为零时,这个系统的总动量保持不变,这个结论叫做动量守恒定律。动量守恒定律需满足以下3个条件之一。

(1)系统不受外力或者所受合外力为零。

(2)系统所受合外力虽然不为零,但系统的内力远大于外力时,如碰撞、爆炸等现象,系统的动量可看成近似守恒。

(3)如果系统的总动量不守恒,但是若系统在某一方向上不受外力或者所受的合外力为零,则系统在该方向上动量守恒。

实验方法

(1)拉起牛顿摆(图1.8-1)左侧的1个小球至一定的高度,松手后观察牛顿摆各小球之间的碰撞和运动情况。

(2)拉起牛顿摆左侧的2个小球至一定的高度,松手后观察牛顿摆各小球之间的碰撞和运动情况。

(3)拉起牛顿摆左侧的 3 个小球至一定的高度,松手后观察牛顿摆各小球之间的碰撞和运动情况。

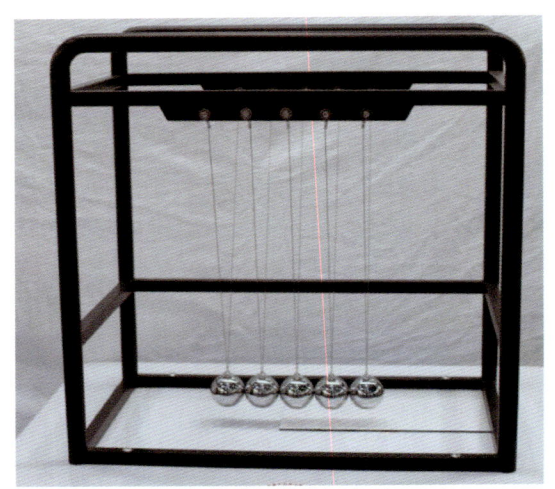

图 1.8-1　牛顿摆

科学小知识

动量守恒定律是物理学中最基本的定律之一,它在日常生活中也有很多应用。

1. 小球的反弹

当我们向下抛出一个小球时,它会和地面发生碰撞并且弹起来。在不考虑空气阻力的情况下,可以观察到球的反弹动量等于球的初动量大小。这是由于小球在逐渐下落时,运动速度不断增加,动量也在不断增加。当小球和地面碰撞瞬间,动量被转移到地面上,地面会产生反作用力,使小球以相同的速度反弹。这个过程中,小球和地面整个系统动量守恒。

2. 汽车碰撞事故

在汽车碰撞瞬间,车辆和被碰撞的物体之间的动量总量保持不变。由于汽车运动的速度非常快,所以在汽车碰撞时会产生很大的撞击力,从而使车辆快速停止下来。此时,车辆的动量被转移给了被碰撞的物体,例如另一辆汽车或路边的障碍物。

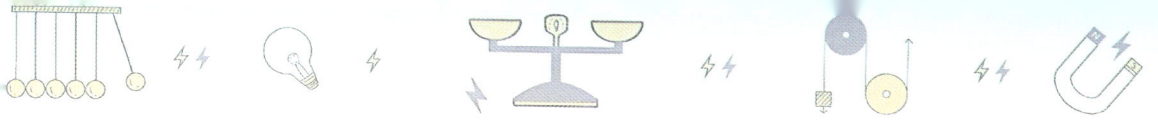

3. 滑雪运动

滑雪是一种利用动量守恒规律的体育运动。在滑雪过程中，可以利用冰雪表面的反作用力，控制我们运动的速度和方向。如果想要加速，身体略微前倾，降低身体姿势，利用自身的体重产生斜向下的压力，使滑雪板产生反向向前的作用力。如果我们想要减速或者停止运动，可以略微后坐，将身体重心后移，这样可以减小滑雪板与雪地的接触面积来减缓速度，从而更好地控制滑雪板的方向。

机械碰撞和动量守恒

1.9 陀螺仪

19世纪中期,法国物理学家莱昂·傅科在研究地球自转时,发现高速转动中的转子具有很大的惯性,其旋转轴永远指向某一个固定方向,他从中获得了灵感,后来发明了陀螺仪。陀螺仪最初用在航海上,后来被用在航天器上。由于飞机在高空中飞行,无法像地面一样有很多参照物能靠肉眼来辨认方向,飞行中如果方向都分不清楚,其危险性极高。所以陀螺仪迅速地得到了推广和应用,成为航空和航天器的关键核心部件。

科学原理

一个绕对称轴高速旋转的飞轮转子叫陀螺,将陀螺安装在如图1.9-1所示的框架装置上,使陀螺的自转轴有不同方向转动的自由度,这种总体装置叫做陀螺仪。

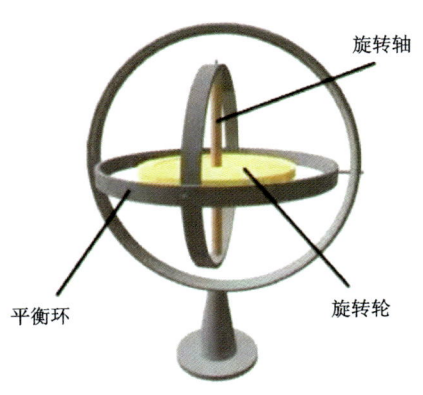

图1.9-1 陀螺仪结构图

从力学运动的角度来分析陀螺仪的运动时，可以把它看成是一个刚体，刚体上有一个万向支点，而陀螺可以绕这个支点做3个自由度的转动，所以陀螺仪的运动属于刚体绕一个定点的转动运动，其运动规律和角动量守恒定律密切相关。

角动量是描述物体旋转状态的物理量，等于物体质量、旋转半径和旋转速度的矢量积。在经典力学规律中，一个物体如果受到力矩作用，其角动量会发生变化。物体在不受外力矩作用的情况下，其角动量是守恒的，即物体在运动过程中的角动量不变。

陀螺仪是一种基于角动量守恒原理的方向传感器，它能够感知物体的旋转运动变化和测量物体的转速。由于飞轮转子的角动量守恒，所以飞轮转子具有很好的指向稳定性，也就是其旋转轴会稳定地指向某一个方向，这就是陀螺仪的基本工作原理。

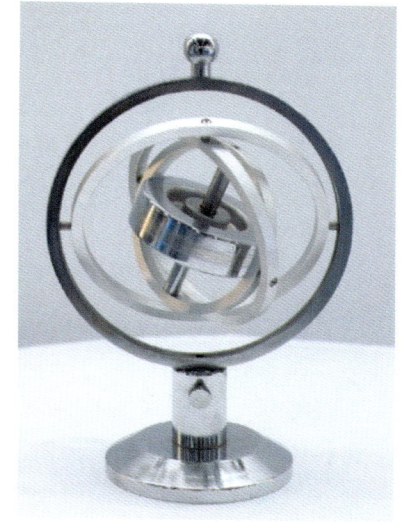

图 1.9-2　陀螺仪

实验方法

（1）将带框的陀螺仪（图1.9-2）贴紧在旋转加速器上，用脚踏开关的方法用摩擦力让其加速旋转起来。

（2）当陀螺仪高速旋转起来后，用手将它拿起来，观察陀螺仪转轴的方向，然后手拿陀螺仪外框向各个方向转动，观察陀螺转轴的方向和转速是否发生改变。

注意事项

（1）用脚踏开关时，手和加速器要保持一定的距离，以免手受到摩擦损伤。

（2）不要让面部离加速器太近。

科学小知识

陀螺仪由于具有稳定的指向性,从它被发明开始,在前沿领域有着非常广泛的应用,其中主要应用于以下工程和科技领域。

1. 空间导航

陀螺仪在导航系统中扮演着至关重要的角色,它是一种能够检测并测量方向的装置,对于维持导航的稳定性和准确性起着关键作用。

2. 测量和自动控制

陀螺仪通过测量旋转体的角速度来确定方向,从而计算出其位置和速度。陀螺仪还可以用来测量旋转体的姿态和角度,从而实现飞行器控制、车辆稳定性控制、防侧翻控制、游戏控制等功能。

3. 相机防抖技术

相机防抖技术是通过使用陀螺仪来抵消手持摄影时由于自身身体微小晃动导致的相机抖动,从而提高拍摄的稳定性和清晰度,比如在拍摄运动场景、夜景、长曝光等特殊场景时,相机防抖技术可以使照片和视频呈现效果更加出色。

1.10 空间弯曲

在人类对自然界的探索中,万有引力定律无疑是那颗最璀璨的明珠,它不仅解释了天体之间的相互作用,还揭示了地球上所有物体之间的相互作用规律。这个定律的发现,标志着人类对宇宙的理解迈出了最重要的一步。这里,我们不得不提到爱因斯坦的广义相对论,这个理论彻底改变了我们对宇宙的认知,揭示了一个全新的宇宙图景。

科学原理

在广义相对论中,爱因斯坦提出了一个惊人的观点:大质量的物体会导致周围的时空发生弯曲。这种弯曲的时空,就像一个巨大的引力场,影响着周围物体的运动轨迹。这一理论为我们提供了一个全新的视角来理解万有引力。

在一般人看来,空间和时间是固定不变的,我们可以用米和秒等单位来度量它们,它们不会随着物体的运动而改变。但是,在爱因斯坦看来,空间和时间是相互联系的,它们构成了一个四维的连续体时空。时空不是平坦的,而是可以被物质的引力作用所扭曲的。物质质量越大,引力越强,扭曲越大。这就是为什么地球能够吸引月球绕着它转,太阳能够吸引地球绕着它转,黑洞能够吞噬一切光和物质的原因。

如图1.10-1所示,时空弯曲现象不仅影响了物体之间的距离,还影响了物体运动的时间长短。在弯曲的时空中,时间会变慢,光线会偏折,长度会收缩,质量会增加。这些现象在我们日常生活中很难观察到,因为我们的速度和质量都太小了,时空弯曲的程度也太小了。但是,在极端的情况下,比如速度接近光速或者位置接近黑洞时,时空弯曲就会变得非常明显,远远超出我们的想象。

图 1.10-1　空间弯曲示意图

实验方法

（1）如图 1.10-2 所示，将一个金属球从台面边缘沿圆的切线轨道滚入，金属球将以台面中心为一个焦点的椭圆轨迹滚动。

（2）由于重力和摩擦力的作用，小球滚动的轨迹不断收缩，滚动的速度越来越大，但始终为椭圆轨道，最后落入漏斗中心的洞中。

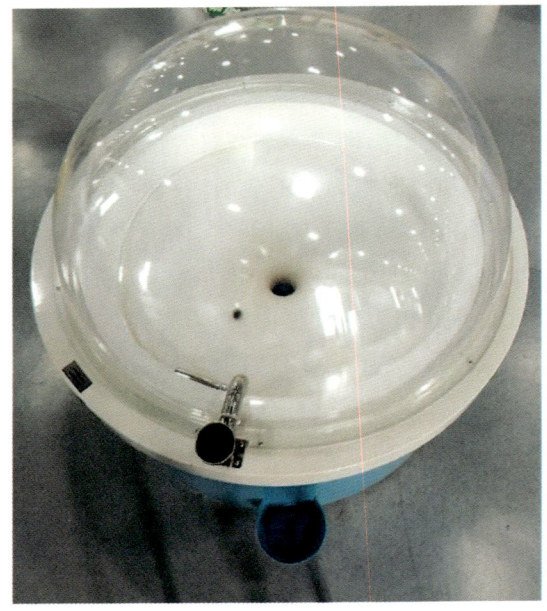

图 1.10-2　空间弯曲演示仪

科学小知识

自从爱因斯坦提出广义相对论以来,科学家们就进行了各种实验来验证它。其中最著名的 3 个验证是水星近日点的进动、光线在引力场中的偏折和引力红移。

水星近日点的进动是指水星绕太阳运行时,它的轨道不是一个完美的椭圆,而是一个不断进动旋转的椭圆。这个旋转的速度很慢,每百年只有 43s,经典牛顿力学无法解释这个现象。爱因斯坦用广义相对论计算了水星轨道受到太阳影响时空弯曲的大小,得到了和观测现象完全一致的结果。

光线在引力场中的偏折是指光线通过一个强引力源附近时,方向会被弯曲。这个现象在 1919 年的日全食期间被英国天文学家爱丁顿和戴森观测到,他们发现太阳周围的恒星位置和平时不一样,因为太阳对光线产生了偏折。爱因斯坦用广义相对论计算了光线偏折的角度,比牛顿的经典理论正好大了一倍,与观测结果完全吻合。

引力红移是指在引力场中的光源发出的光线,其频率会降低,波长会增长,这是因为光源需要消耗更多的能量来逃离引力场,所以光线会变红。这种现象在实验室和天文观测中都得到了证实。

除了这些验证外,广义相对论还预言了许多奇妙而又神秘的现象,比如黑洞、引力波、时空奇点、虫洞。这些现象都是时空弯曲的极端表现,它们挑战了我们对宇宙和时空的基本认知,也激发了人类对未知的不断探索精神。

2 热学实验

2.1 偶然中的规律性——伽尔顿板

伽尔顿板实验演示了大量偶然事件的统计规律和涨落现象,阐述了物理学中的统计与分布的概念。伽尔顿板演示实验是个理想模型,可以演示单个粒子随机性,也可以演示大量粒子的统计规律。此实验装置能直观快捷地表现宏观现象中的统计规律,因而常用它来说明统计规律的必然性总是寓于大量的个别事件的偶然性之中,以及统计规律中出现的涨落现象。

科学原理

伽尔顿板如图 2.1-1 所示,代表粒子的小球从漏斗口下落,在下落过程中将与铁钉发生多次碰撞,最终进入下面的某个狭槽中。当小球的个数足够多时,小球在狭槽内就会堆积成高斯曲线形状的分布图像。

实验结果表明:当从漏斗口处投入一个小球时,小球最后落入哪个狭槽是偶然的。当投入大量的小球时,可看到最后落入各狭槽的小球数目不相同,在中央的槽内小球数目最多,离中央越远的槽内小球越少。当小球数目较多时,重复该实验过程,每次得到的小球分布规律是近似重复的。伽尔顿板实验中大量小球的分布服从一定的统计规律,近似于正态分布。但是由于伽尔顿板左右侧面的阻挡限制,该结果的分布范围与正态分布还是有所差别,没有实现从负无穷到正无穷的统计计算。

实验方法

(1)关闭伽尔顿板中部的隔板,翻转伽尔顿板,使小球都在隔板上方的漏斗内。

图 2.1-1　伽尔顿板

（2）小心地抽开隔板，使小球一个一个或几个几个地通过隔板，可见每个小球落入哪个狭槽中是完全任意的，这表明是偶然事件。随着下落的小球个数越来越多，小球在狭槽中的分布呈现出规律性，这就是个体的无序和整体的有序的高度统一。

（3）重复步骤（1），完全抽开隔板，让大量小球一次性通过隔板，落下的小球在狭槽中形成有规律性的分布，可以在白纸上描绘出小球分布曲线形状（图 2.1-2）。

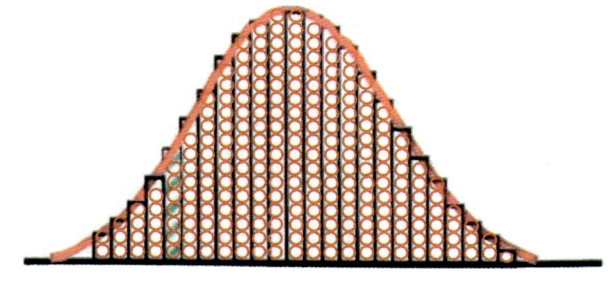

图 2.1-2　小球分布曲线形状图

（4）再重复上述实验步骤，可见所有小球的分布大致相同，但略有差别。从而说明大量偶然事件的整体有一定的规律性，这就是统计规律性。每次实验结果的偏差，就是统计规律中的涨落现象。

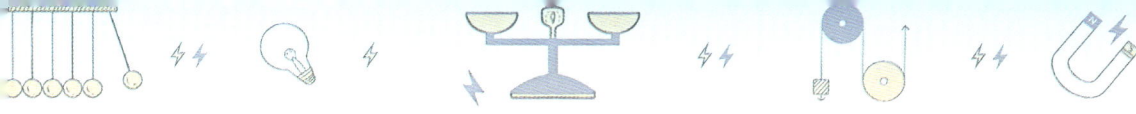

注意事项

(1) 将伽尔顿板放在一个平整的台面上,一只手扶住支架,另一只手轻松转动伽尔顿板,不可倾斜放置。
(2) 转动前要特别注意检查两边的转轴是否有松动,防止有机玻璃板脱落而摔碎。

科学小知识

高斯分布,又称"正态分布",是概率统计中最常见的连续概率分布之一,它以著名数学家高斯的名字命名。高斯分布的曲线呈钟形,两头低,中间高,左右对称,人们又经常称其为"钟形曲线"。

高斯分布在自然界和社会现象中无处不在,它反映了大量数据分布的一般统计规律。它的基本原理可以归纳为最小二乘法和中心极限定理。最小二乘法是高斯分布在数学和工程领域的理论基础,它通过误差的平方和最小化来寻找数据的最佳匹配函数。中心极限定理则说明了许多随机变量的平均值在一定条件下近似服从正态分布,从而使得高斯分布在许多实际问题中成为一种常用的数学模型。在自然科学、工程学和社会科学等领域中,高斯分布经常被用于描述连续型的随机变量,如测量误差、气温变化、大脑智力、某个群体身高等。

2.2 饮水鸟

饮水鸟是一种玩具,但绝不是永动机,它包含着复杂的物理学过程和科学原理,它之所以能不停地点头喝水再抬头,是因为持续地与周围空气的热量发生交换,这就是奇妙的饮水鸟能够不停活动的秘密。

科学原理

如图 2.2-1 所示,饮水鸟体内的液体是乙醚,它是一类易挥发的有机溶剂,在温度稍高的情况下就容易蒸发形成饱和蒸气,饱和蒸气所产生的压力会随温度的改变而显著地发生改变。

图 2.2-1 饮水鸟装置

当小鸟头部表面的液体蒸发时,温度降低,内部的饱和气压减小,尾部的液柱由于压强作用和毛细现象会沿着颈部上升,这样会使头的质量增加,尾部的质量减轻,重心位置发生变化,当重心超过脚架支点而移向头部时,发生定轴转动,鸟就会俯下身子达到新的平衡位置,鸟嘴浸入水杯中。

鸟头部降低,装置内部发生了两个变化:一是饮水鸟的嘴浸入到了水中,鸟头的海绵被水打湿;二是上下的蒸气区域连通,两部分气体混合在一起,没有了气压差,但由于吸收了周围空气中的热量,饱和蒸气的温度略有上升。这时上升到头部的液体,在自身重力的作用下流向尾部,尾部变重,头部向上翘,液体全部集中到尾部,饮水鸟出现了反向的定轴转动。同时,头部的液体继续蒸发,温度又开始下降,出现周而复始的两个方向不断交替转动的现象。

饮水鸟头部不断地吸收空气中的热量,这是其持续的能量来源和原动力。正是因为它使用的是人们不易察觉到的能源,所以才会被误认为是永动机。

实验方法

(1)将饮水鸟置于阳光下或灯光下来观察其运动的过程。

(2)改变实验环境,如移至实验室内或用电风扇对其吹风,再来观察饮水鸟的运动情况。

注意事项

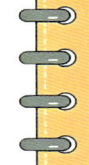

(1)饮水鸟是玻璃制品,注意轻拿轻放。

(2)如果饮水鸟出现不转动的情况,请检查转轴是否被卡住了。

科学小知识

第一类永动机是指期望在没有外界能量供给的情况下,源源不断地得到有用功的动力机械,我们听说的永动机基本上属于这一类。

早在13—18世纪,制造永动机的梦想曾经"引诱"了许多有杰出创造能力的人付出了大量的智慧和劳动。《三国演义》中也曾出现过所谓的"木牛流马",如果真的像书中所描述的那样可以自动行走的神奇交通工具,这显然不符合能量守恒定律。1951年,我国《科学大众》上发表了周培源的文章《永动机为什么不可能》;1978年,《人民日报》发表《永动机是永远造不成的》,重申科学立场。

虽然至今仍有一些人在设计着各种各样的永动机,但是没有任何一台永动机被实际地设计制造出来,也没有任何一台永动机的设计方案能经受住科学的检验。第一类永动机幻梦的破灭也有力地促进了19世纪中叶能量转化和守恒定律的确立。能量转化和守恒的思想不仅有着广义上的理论意义,也有着重要的实践意义。现代很多科技发明都是能量转化和守恒定律的实际应用,许多新的技术发明和科学设计,同样也得益于能量转化和守恒思想的启迪和灵感。

饮水鸟

2.3 躺着的蒸汽机

蒸汽机是将蒸汽的能量转换为机械功的往复式动力机械。蒸汽机的出现曾引起了18世纪的世界工业革命,直到20世纪初,它仍然是世界上最重要的原动机。蒸汽机不仅推动了机械工业和科学技术的高速发展,解决了大机器生产中最关键的能量转换问题,而让人类进入了火车时代,推动了交通运输工具的空前进步。随着它的演变和发展,以它为基本模型建立的热力学和机构学系统理论为汽轮机和内燃机的发展奠定了良好的基础。

科学原理

卧式单缸蒸汽机演示仪(图2.3-1)利用气压差作为动力源来进行驱动,工作原理符合蒸汽机的工作原理。

它利用气体压差推动活塞,使活塞左右往返运动。当活塞处于右止点时,滑块气门处于左止点(滑块气门和气缸形成右腔,并在右腔中留有进气孔,左腔形成排气孔)。此时通入有一定压力的气体(一般为1~1.5个大气压),气体进入右腔并推动活塞向左运动,由于凸轮运转时对滑块气门的推动作用,随着活塞的运动,滑块气门向右移动。当活塞到达左止点时,滑块气门移动到右端(滑块气门和气缸形成左腔,并在左腔中留有进气孔,右腔形成排气孔)。此时,一定压力的气体从左腔进入,推动活塞向右移动,滑块气门向左端移动,当活塞到达右止点、滑块气门到达左止点时,这样完成一次循环运动。

图 2.3-1 卧式单缸蒸汽机演示仪

实验方法

(1)把单缸蒸汽机演示仪水平放置在一个固定平台上。

(2)把气源设备(如气泵)放在离蒸汽机模型距离合适的位置。

(3)接通气泵的同时,用手转动飞轮,直至飞轮能自行转动为止。若飞轮一直未能转动,检查曲柄与凸轮之间的角度是不是略大于等于90°,若不是则需要扭动曲柄上的顶丝调节。调节此处若飞轮未能转动起来,那么就检查滑块进气和排气是否正常。一般来说滑块往左移动时,右边的进气孔能看到的位置距离与滑块往相反方向运动时左边为进气孔时的距离相等或接近相等。如果不是这样,稍微调节与十字头横块相连的滑块连杆上的接头螺纹,同时检查其他地方的连接处是否有松动,特别是用螺丝作为顶丝的地方。

注意事项

(1)飞轮的转速可通过调节进气阀门来控制,进气量要从小到大依次进行调节。

(2)使用时注意安全,蒸汽机上的运动部件在运转时请勿用手触摸。

(3)实验结束后须关闭气泵开关,将气泵妥善存放。

💡 **科学小知识**

蒸汽机是一种由蒸汽驱动的机器,这种机器的发展历程可以追溯到罗马时期的埃及,当时有人发明了汽转球,这是一种用蒸汽驱动涡轮使圆球旋转的装置。17世纪,有人发明了用蒸汽作为压力的抽水泵。1712年,英国发明家纽科门发明的蒸汽机开始用于商业领域,当时主要用于矿井抽水,到1733年,这种蒸汽机已有104台投入使用。1781年,苏格兰工程师瓦特改进了纽科门蒸汽机,制造出了新的蒸汽机,并申请了发明专利。瓦特发明的蒸汽机可以为机械提供动力,同时也可以在伐木、采矿中被广泛使用。蒸汽机的发明催生了西方工业技术革命,这场变革也极大地推动了人类文明的进程。

2.4 斯特林发动机

斯特林是英国伟大的物理学家、热力学专家。他对热力学的发展有着很大的贡献,其科学研究对象主要是热机。热机的研制是18世纪物理学和机械学领域万众瞩目的探索课题,各种各样的热机喷涌而出,相互间不断借鉴、取长补短,热机制造业正式发展起来,当时社会工业革命正处于高潮时期。

随着热机的发展,热力学理论研究提到了重要位置,很多科学家都致力于热机理论的研究工作,斯特林便是其中著名的一位。他所提出的斯特林循环,就是重要的热机循环之一,亦称"斯特林热气机循环"。这种循环是封闭式的,采用的是定容吸热气体循环方式。利用这种循环的斯特林热机具有很多特点,如采用外燃或外热源供热等。由于这种循环是封闭式循环的,能够采用远远高于大气压力的气体来工作,可以提高发动机单位质量的输出功率,减小发动机的体积和质量。斯特林热机在逆向运转时,可以作为制冷机或热泵机,这种设想已进入了实际应用阶段。

科学原理

斯特林热机对应的热力学循环过程如图 2.4-1 所示。其中,ab 为等温压缩过程,工作气体的温度不变,但是压强增大;bc 为等体积加压,从热源中获得热能;cd 为等温膨胀过程,工作气体的温度不变,但压强减小;da 为等体积冷却,将热量排放至环境,r 为压缩比,V 为体积,T 为温度,P 为压强。所以,斯特林热机其实是由两个等温及两个等体积过程组成的热力学循环。值得注意的是,在 T_1 和 T_2 相差不大的情况下,斯特林热机的效率可用最佳的卡诺循环公式 $\eta = 1 - \dfrac{T_1}{T_2}$ 估算。

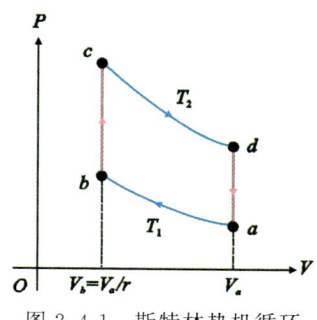

图 2.4-1　斯特林热机循环

实验方法

(1)如图 2.4-2 所示,将组装完成的斯特林热机放在一杯热水或其他热源上方,稍等一会儿,待热传导至引擎室的下方,此时稍微转动飞轮,引擎随即开始运转起来。

图 2.4-2　斯特林热机装置

（2）依靠热源源源不断地提供的能量,能够持续让飞轮转动起来。

注意事项

（1）斯特林热机引擎室必须保持干净,及时清理灰尘及杂物。
（2）斯特林热机轴承要及时加油,防止生锈。

科学小知识

斯特林发动机是热气机家族中的一类,在1816年由苏格兰人斯特林发明。19世纪,曾有数千台斯特林发动机在欧美地区大量使用。但是,由于当时没有良好的耐热材料,同时对这种机器的热力学特性也不甚了解,用青铜和铸铁作为主要材料的斯特林发动机功率和效率也比较低,因此,后来被在蒸汽机基础上发展起来的活塞式内燃机所淘汰。

由于能源危机、环保问题和科技水平的不断进步,对斯特林发动机的研究热情与日俱增。自20世纪80年代,荷兰的菲利浦公司开创了现代斯特林发动机的研究道路,让斯特林发动机的外形外貌为之一新,引起了不少国家的关注。现在,各国都在不同程度上加强了斯特林发动机的研发工作,研制出了各种不同用途的斯特林发动机,其中包括车用斯特林发动机、燃煤固定式斯特林发动机发电站、太阳能斯特林发动机发电站,还有用放射性同位素作热源的完全植入式斯特林发动机人造心脏动力源、水下斯特林发动机和农用斯特林发动机等。

2.5 温差发电

温差发电是一种利用半导体材料的塞贝克效应,将各种低品效的热能直接转化为电能的先进能量回收技术。近年来,由于多种高性能热电材料的研制成功,以及温差发电系统本身具有高可靠性、无运动部件和无污染等优点,该项技术日益在能量回收领域受到众多科研人员的关注,并已经在太阳能利用、航空航天及汽车尾气废热回收等领域得到了广泛的应用。

 科学原理

导电材料中的自由电子都具备一定能量,不同导电材料中的电子能量是不相同的。当由两种不同导电材料构成直流电路中的导电部分时,在两种材料的接触面上将有电子的迁移运动,向低能级材料迁移的电子将多余能量传递给材料晶格而使之发热,向高能级材料迁移的电子将从材料晶格中吸收能量而使之变冷,这就是导电材料能将电能直接转化为热能的物理原理。若外界使接触界面两边的导电材料始终维持一定的温度差,接触面两边会产生电动势,使外部电路中有直流电流流过,这就是温差发电的原理。

1. 赛贝克效应

塞贝克效应又称第一热电效应。在有两种不同导体组成的开路中,如果导体的两个结点存在温度差,在开路中将产生电动势,这就是赛贝克效应。由赛贝克效应而产生的电动势称为温差电动势。

2. 帕尔帖效应

帕尔贴效应又称第二热电效应。电流流过两种不同导体的界面时,界面一侧将从外界吸收热量,另一侧向外界放出热量,这就是帕尔帖效应。帕尔帖效应与塞贝克效应互为可逆效应过程。

实验方法

（1）如图 2.5-1 所示，将装有散热片的半导体组件与实验仪主机的"直流电源输出端"用连接线接通，通电 20s 左右。

图 2.5-1　温差发电演示仪

（2）观察冷端和热端的温度变化，可以用手直接触摸一下前后两个面的金属片表面冷热情况。

（3）达到一定的温度差后，将装有散热片的半导体组件与实验仪主机的"风扇"用连接线连通起来，观察温差发电驱动风扇的转动情况。

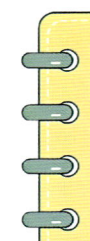

注意事项

(1) 不能破坏半导体组件不同位置的触点。
(2) 必须达到一定的温度差才能演示温差发电驱动风扇转动的实验。

科学小知识

海水温差发电

海洋是世界上最大的太阳能采集器,每年它吸收的太阳能可达到 $5.4×10^{13}$ 千瓦,约为目前人类电力消耗总功率的 18 000 倍,可用来开发和利用的能量也远远超出全球总能耗。

海洋温差能又称海洋热能,它是利用海洋中受太阳能加热的暖和的表层水与较冷的深层水之间的温差获得的能量。在南北纬 30°之间的大部分海面,表层和深层海水之间的温差在 20℃左右。赤道附近太阳直射多,其海域的表层温度可达 25～28℃,波斯湾和红海由于被炎热的陆地包围,其海面水温可达 35℃,而在海洋深处 500～1000m 处海水温度却只有 3～6℃,这个垂直温度差就是一个可供利用的巨大能源库。

早在 1881 年 9 月,巴黎生物物理学家德·阿松瓦尔提出利用海洋温差发电的设想。1926 年 11 月,法国科学院建立了一个实验温差发电站,证实了阿松瓦尔的设想。1930 年,阿松瓦尔的学生克洛德在古巴附近的海中建造了一座海水温差发电站。1961 年,法国在西非海岸建成两座 3500kW 的海水温差发电站。1979 年,美国和瑞典在夏威夷群岛上共同建成装机容量为 1000kW 的海水温差发电站,美国曾计划在上世纪建成一座 $1×10^6$ kW 的海水温差发电装置,以及利用墨西哥湾暖流的热能在东部沿海建立 500 座海洋热能发电站,发电能力可

达 2×10^8 kW。

2023 年 9 月,中国地质调查局广州海洋地质调查局牵头研发的 20 kW 海洋漂浮式温差能发电装置在南海成功完成海试,该套海洋温差能发电装置搭载"海洋地质二号"船在南海 1900 m 深海域开展了首次海上试验,成功地完成海洋温差发电的技术验证。它验证了我国自主研发的海洋温差发电系统的稳定性,同时还证明了海洋温差发电利用的实用性,标志着我国海洋温差开发利用已经从陆地试验向海上工程化应用迈出了关键的一步。

2.6 热磁轮

热磁轮是一种在磁场作用下把内能转化为机械能的动力装置。在石化能源日益紧缺的今天,人们可以把它作为一种能量转化的有效途径,用这样的装置产生的驱动力带动其他机械工作,也可以利用它带动发电机工作产生电能,还可以利用热磁能制成太阳能磁力发动机。

科学原理

如图 2.6-1 所示,利用低居里点的金属材料做成的圆环,在其边缘附近放一永磁体,当整个圆环处于同一温度时,永磁体对环的静磁力是关于磁场中心和圆环中心的连线而对称的,因此圆环在磁场中受力而不受力矩的作用。若在永磁体旁边放一酒精灯,烧灼圆环的某处,酒精灯火焰灼烧处的温度若高于圆环材料的居里点,则该处将发生相变,由铁磁体变成为一般的顺磁体,永磁体对该点的吸引力将大大减弱,此时圆环受到永磁体的吸引力产生了关于圆环中心轴的力矩,推动圆环转动起来。低居里点的金属圆环的各部分依次不断地进入高温热源区,不断地被加热—相变—产生力矩,圆环便持续地转动起来。离开高温热源区后,金属材料又恢复至铁磁体。

实验方法

(1)将铁磁合金丝圆环制成的转轮安放于竖直轴尖上,使圆环的平面保持水平,且与永磁体的中心保持同样高度。

图 2.6-1 热磁能演示仪

（2）点燃酒精灯（须用无水酒精，火力较大），调节酒精灯的位置，使火焰灼烧永磁体附近圆环上的某一个点，观察圆环的运动情况。

（3）将酒精灯移去，观察圆环运动的变化情况。圆环将慢慢地停止转动，待它完全停止转动后，将酒精灯放到永磁体的另一侧，烧灼与第一次烧灼位置的对称点位置，观察圆环的运动方向。

注意事项

（1）实验前需保持圆环平面与永磁体的中心轴线同样高度。
（2）不要触碰转动中的圆环。

科学小知识

19世纪末期，著名的法国物理科学家皮埃尔·居里（居里夫人的丈夫）在一次实验中，碰巧发现磁石有一个非常有趣的物理现象：当温度升高到一定程度时，磁石本身的磁性就会完全消失，后来此温度称为居里温度。后来随着对居里

温度的深入研究，1889年，尼古拉·特斯拉发明了居里发动机。

　　磁性材料的居里温度应用非常普遍。电饭锅温度控制就利用了磁性物质的居里温度特性。电饭锅底部的中央设置了一块居里温度较高的磁铁和一块居里温度为103℃的磁性物质。当电饭锅里面的水分完全蒸发后，食物的温度会从100℃继续升高。当温度达到居里温度103℃后，磁性物质磁性消失而失去吸引力作用，这时弹簧会分开磁铁和磁性物质，带动机械开关断开加热电源，电饭锅停止继续加热，这样的温度控制方式既节能又安全可靠。

3 电磁学实验

3.1　可见的电流线

　　1858年阴极射线被发现，但它到底是由什么组成的，一直众说纷纭，并引起了英国、法国、德国科学家的大争论。由德国部分物理学家组成的论战一方主张，阴极射线是以太的特殊振动；由英国、法国部分物理学家组成的论战另一方认为，阴极射线是带负电的粒子流，但是他们都没有确凿的证据来证明自己的观点。1879年，克鲁克斯的几个实验足以证明粒子论的观点是正确的，但当时普遍认为原子不可再分，仍然不能解释勒纳德在1893年将射线引出阴极管外的现象，直到伦琴射线发现时，争议还未结束。1897年，汤姆孙根据放电管中的阴极射线在电场和磁场作用下的轨迹确定阴极射线中的粒子带负电，并测出其荷质比，这是历史上第一次发现电子的存在，12年后美国物理学家密立根用油滴实验测出了一个电子所带的电荷大小。

科学原理

　　如图3.1-1、图3.1-2所示，阴极射线管是设有阴极和阳极的高真空玻璃管，阴阳极之间加上高电压时，从阴极发射电子，经其中的铝板狭缝而成电子束。电子束打在斜置于放电通道中涂有少许荧光粉的铝板上，电子束的径迹就可通过荧光粉显示出来，也可以通过荧光屏显示。

实验方法

　　(1) 接通电源，在荧光板上显现一束带状径迹，表明阴极射线是沿直线运动的。
　　(2) 再用一个永久磁铁靠近阴极射线管时，阴极射线在洛伦兹力的作用下发生偏转，轨迹的偏转表明磁场对电子束的作用，因而判定射线是带电微粒流。

(3)改变磁场的方向,再观察电子束的轨迹变化和运动情况。

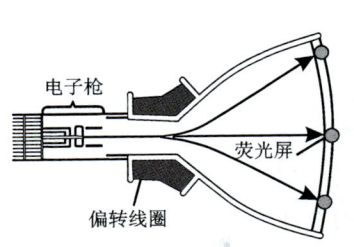
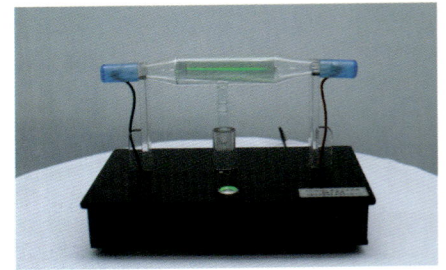

图 3.1-1　阴极射线管原理图　　　图 3.1-2　阴极射线管装置

注意事项

(1)实验仪器是真空玻璃制品,要轻拿轻放,注意保护泡壳,防止气体进入导致实验失效。
(2)不要过久将高压一直加在管子上发射阴极线,以免玻璃受阴极射线照射时间过长而吸入气体,影响发光能力,同时避免加速荧光板的老化。
(3)尽量在光线较暗的条件下完成实验。

科学小知识

荷兰物理学家洛伦兹首先提出了运动电荷受到的力是电场力和磁场力的共同作用,人们为了纪念他,称这种磁场力为洛伦兹力。洛伦兹力是指运动电荷在磁场中所受到的力,方向由左手定则来判断。

左手定则法则:伸出左手,大拇指与四指保持垂直,如图 3.1-3 所示,让磁感线穿过掌心,四指指向正电荷运动方向,此时大拇指所指的方向为洛伦兹力方向

（如果是负电荷，则洛伦兹力方向为正电荷反方向）。

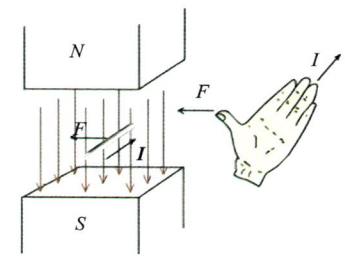

图 3.1-3　左手定则法则示意图

可见的电流线

3.2 人体导电

电是我们生活中不可缺少的组成部分,它与我们的生活息息相关。如果没有电,电视就无法播放好看的电视节目,电脑无法开机,冰箱无法工作,手机无法充电,就连最简单的照明也无法实现。所以,电如同空气和水一样,已经融入了我们生活中的每一个角落。人体作为一种特殊的导体,电流是可以流过人体的。人体导电是指人体皮肤表层的角质层和电源发生接触后产生的微小电流流动,通常只允许在微安级以下,直接作用于人体的神经、肌肉等器官,引起肌肉收缩、皮肤刺痛等不适的感觉。

科学原理

善于导电的物体叫做导体。例如:金属,人体,大地,石墨,酸、碱、盐水溶液等都是导体。人体内有大量的血液、淋巴与脑脊液,人体中的每个细胞全充满着水,其中溶解着各类电解质,所有这些构成了人的体液,体液约占人体体重的60%。因为电解质溶解于人的体液中,便形成了带电的离子,所以含有电解质的体液是一种导电物质。这些离子在外电场的作用下,在体液内做定向移动,便形成了导电电流,人体就因具有导电性而成为导体。所以人体可以像一根导线一样连接在电路中,人体就会成为电路中的一部分。

实验方法

(1)如图 3.2-1 所示,用双手分别握住人体导电演示仪的金属把手,使电路接通,双手控制灯光发光和塑料苹果模型的转动,此过程中微小电流对人体并无危害。

(2)还可以几个人手拉着手串联起来之后,作为一个整体连入电路中,观察其实验现象。

图 3.2-1 人体导电演示仪

注意事项

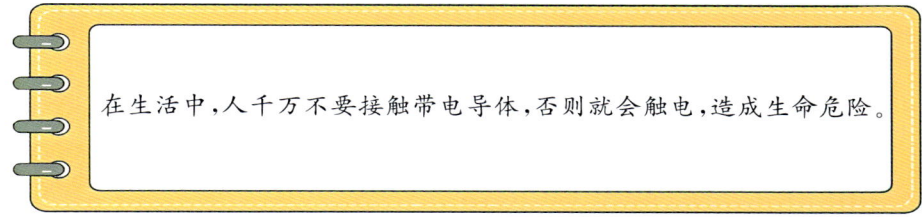

在生活中,人千万不要接触带电导体,否则就会触电,造成生命危险。

科学小知识

自然界中有两类导电性能截然不同的固体材料。一类具有良好的导电性能,称为导体,金属就是常见的导体,电阻率很小,为 $10^{-8} \sim 10^{-6}\ \Omega \cdot m$。另一类导电性能非常差,称为绝缘体,常见的绝缘体有金刚石、云母、塑料、玻璃和橡胶等,电阻率高达 $10^{8} \sim 10^{20}\ \Omega \cdot m$。

还有一种材料是半导体,在常温下,半导体的导电性能介于导体与绝缘体之间。半导体是指一种导电性能力可从绝缘体至导体调控的材料,其电导率随温

度、光照、电磁场的变化而变化。半导体材料在集成电路、消费电子、通信系统、光伏发电、照明、大功率电源转换等领域都有广泛的应用。半导体技术是现代电子设备的核心,几乎所有的电子设备都依赖于半导体器件。半导体技术的发展推动了云计算能力和信息处理的飞速发展,促进了信息化和智能化设备的广泛应用,提高了能源效率和降低了电子设备的功耗。在物质形式上,半导体可以是固体、气体、等离子体等,常见的半导体材料包括硅(Si)、锗(Ge)和砷化镓(GaAs),其中硅是最常用的半导体材料,因其丰富的资源和较低的成本而广受欢迎。

人体导电

3.3 跨步电压

高压远距离供电是日常生活中最常见的供电方式,它有提高输电传输效率、减少能量消耗、提升电网稳定性和安全性等突出的优点。如果高空中的一根带电的高压导线断落在地面时,就会以落地点为圆心形成一个半径若干米的圆形导电区域。此时过路行人如果不小心误入了这个圆形的高危险区域,如何能安全快速地脱身呢?

科学原理

由于高压线断落的线头接触地面或带有大量电荷的云层通过地面杆状物体(如下雨后高大的树木、地面上竖立的金属杆)对地放电,在地面上会产生辐射状的电场分布。该高压电场以触地点为圆心,向四周呈递减式的径向梯度逐渐变弱。

当未采取绝缘防护措施的人不小心走向导电区域时,由于前后两只脚的触地点电位不同,会形成跨步电压,产生电流流过人体,造成跨步电压触电(图 3.3-1)。当电流从人的下肢流过时,人可能因痉挛而摔倒在地,此时人体就相当于一个低值电阻,大电流就会从人体全身流过,给人体形成巨大的伤害而造成生命危险。

在现实中如果遇到这种情况,如何避免跨步电压触电呢?方法就是不让两只脚形成电位差,用双脚并拢或单脚跳离的方式快速蹦离高危险区域。

图 3.3-1　跨步电压形成原理图

实验方法

（1）往容器里加入自来水，让水淹没过环形的等电位线。

（2）打开仪器电源开关。

（3）用两根探针模拟人的双脚，将两根探针插入水中，改变探针的位置和距离，仔细观察电压表数值大小（即跨步电压）的变化，如图 3.3-2 所示。当两个探针靠在一起或只有一根探针浸入水中时，电压表数值为 0，证明双脚并拢或单脚跳离的方式对人体是没有任何触电伤害的。

注意事项

（1）容器里的自来水容易挥发，应定期加水。

（2）仪器通电时，不可直接用手触摸电极和金属线圈。

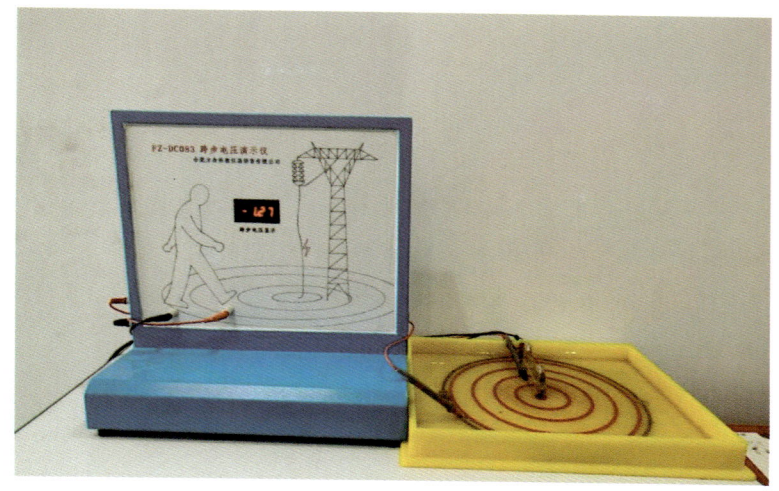

图 3.3-2　跨步电压演示仪

科学小知识

人体电阻分为皮肤电阻和内部组织电阻,皮肤电阻系数最大,血液电阻系数最小。人体内部组织电阻一般在 1000Ω 左右,这个电阻与人的健康状况以及胖瘦有关。但是,决定人体电阻的主要因素是皮肤,即表皮干燥电阻大,表皮湿润电阻小。每个人的身体电阻大小都不一样,一般为 1000～2000 Ω。

人体所能承受的安全电压应不高于 36 V,持续接触的安全电压不高于 24 V。电击对人体的危害程度,取决于通过人体电流的大小和时间长短。电流强度越大,致命危险越大;持续时间越长,死亡的可能性越大。能引起人体感觉的最小电流值称为感知电流,其中交流电流为 1 mA,直流电流为 5 mA。人体触电后自己能摆脱的最大电流称为摆脱电流,其中交流电流为 10 mA,直流电流为 50 mA。

3.4 温柔的电击

一定量电流通过人体引起不同程度的生理反应或器官功能障碍称为电击,俗称触电。电击包括低压电(≤380V)、高压电(>1000V)和超高压电或雷击(电压在$1×10^8$V以上)3种电击类型。

科学原理

温柔电击演示仪如图3.4-1所示,主要由微安表、手摇发电机和有两个手指电极的手掌模型组成。它可使参与者在观察仪表指针转动的同时亲自体验到电流的存在。右手摇动发电机,发电机输出电压,同时将左手的两个手指放在手掌模型的两个电极上,电流表指针发生偏转,同时显示电流大小。因为人体是导体,两手指间有一定的阻值,当两个手指放在两个金属片上时,就相当于接通了电流回路。这时,观众会感到手指尖麻麻的,有轻微电击的感觉,俗称温柔电击。

通过人体的电流强度取决于外加电压和人体电阻的大小,每个人的人体电阻都是不一样的。通过人体的安全电流为交流30mA、直流50mA,这里的手摇发电机产生的电压虽然高达1000V,但是电流被严格限制在15mA以下,所以依靠自己发的电不会引起人体伤害。

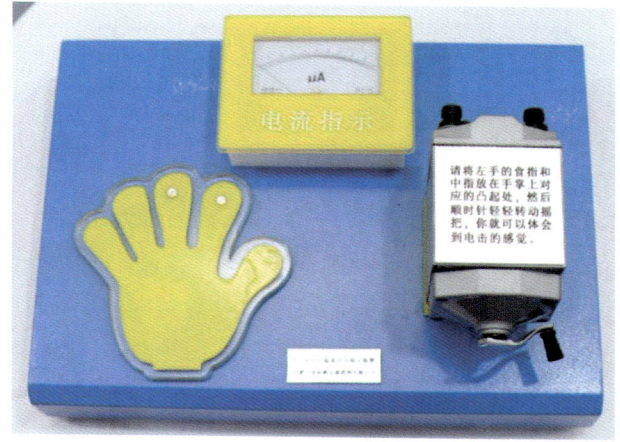

图 3.4-1　温柔电击演示仪

实验方法

（1）操作时右手摇动发电机，使之产生电压，左手的食指和中指轻触两个圆形电极，感到刺麻后立即拿开手指。

（2）如果手摇动的速度较快，发电机输出的电压较高，通过人体的电流较大，刺麻的感觉就强烈一点；反之，摇动发电机的速度较慢，刺麻的感觉就相对较弱。不同的人电阻也略有差异，即使操作相同的实验设备，对刺麻的敏感程度也不尽相同。

注意事项

（1）手摇发电机时，只能顺时针方向摇动，仪器正常工作时，手摇发电机能感觉到一种阻力的存在。

（2）不能用猛力快速摇动发电机，容易造成设备损坏。

 科学小知识

1.电流知识

导体中的自由电荷在电场力的作用下做有规则的定向运动就形成了电流。大自然中有很多种承载电荷的载流子,例如导体内可移动的电子、电解液内的离子、等离子体内的电子和离子、强子内的夸克,这些载流子的移动都会形成电流。电流的大小称为电流强度,是指单位时间内通过导线某一横截面的电荷量。在国际制单位中,电流的单位是安培(A),比较小的电流单位是毫安(mA)和微安(μA)。电流表是专门测量电流大小的仪器设备。

2.安全用电知识

由于人体是导体,所以当人体接触带电体而接通了电流的回路时,就会有电流流过人体。电流对人体会造成不同程度的损害,有电伤和电击两种伤害。所以,我们一定要掌握安全用电知识,正确、科学、合理、安全地用电。

温柔的电击

3.5 电涡流

1855年,法国物理学家傅科发现在磁场中运动的金属板因电磁感应而产生了环形电流,称为电涡流,也叫傅科电流,这是他在电磁学方面的重要发现。

电涡流效应是指置于变化磁场中的块状金属导体或在磁场中作切割磁力线的块状金属导体,在其内部会产生旋涡状的感应电流现象。根据电涡流效应原理制成的传感器称为电涡流式传感器,利用电涡流传感器可以实现对位移大小、材料厚度、金属表面温度、应力、速度以及材料损伤等进行非接触式的连续科学测量,并且这种测量方法具有灵敏度高、频率响应范围宽、体积小等一系列突出优点。

科学原理

如图 3.5-1 所示,在一根导体外面绕上线圈,并让线圈通入交变电流,那么线圈周围就会产生交变磁场。由于线圈中间的导体在圆周方向是可以等效为一圆形的闭合电路,闭合电路中的磁通量不断发生改变,所以在导体的圆周方向会产生感应电动势,从而形成感应电流。感应电流的方向沿导体的圆周方向转圈,就像一圈圈的旋涡,这种在整个导体内部发生电磁感应而产生感应电流的现象称为涡流现象(图 3.5-2)。

如果导体外线圈越密且线圈内电流越大,交变磁场强度就越强,形成的涡流就越大。在相同磁场下,感应电动势相同,导体内的电阻率越小,则涡流越大。导体内部的涡流也会转化成热量,涡流功率越大,单位时间内产生的热量就越多。

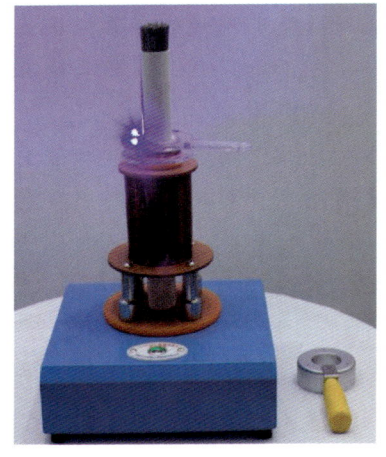
图 3.5-1 电涡流演示仪

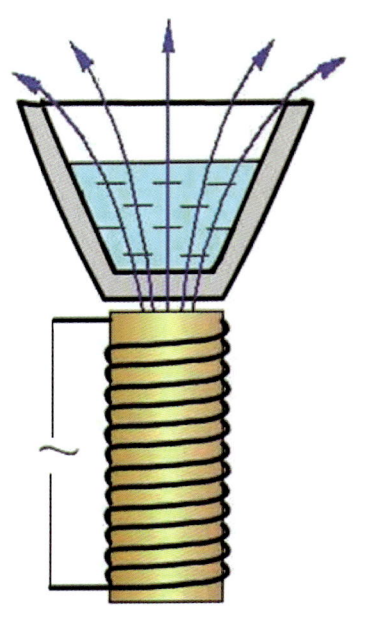
图 3.5-2 电涡流形成原理示意图

实验方法

(1) 将初级线圈接入 220 V 交流电源，并插入铁芯。
(2) 将手持感应锅套入铁芯内。
(3) 在环槽内放入少量的石蜡，并观察石蜡的熔化过程。

注意事项

(1) 由于初级线圈功耗较大，不能长时间通电，观察到实验现象后，应立即关闭电源。
(2) 实验结束后，不要触摸感应锅，以免烫伤。
(3) 手机等电子设备不要靠近电涡流演示仪。

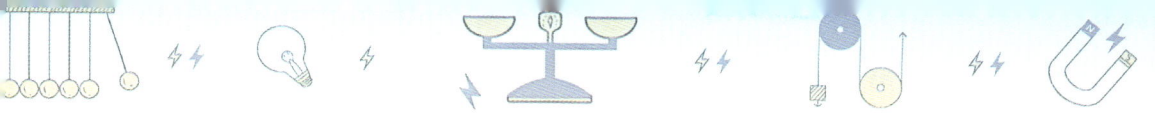

💡 **科学小知识**

　　电涡流传感器技术在电力、石油、化工、冶金等行业的检测，以及测量大型旋转机械轴的径向振动、轴向位移、轴转速等应用非常广泛。在加热技术领域，电涡流主要用于加热装置，例如高频感应炉利用电涡流加热金属，电磁炉则通过在锅具中引发涡流效用来加热食物。在金属热处理领域，电涡流主要用于金属高温加热以改善其物理或化学性质。在无损检测领域，电涡流效应还用于检测金属表面的瑕疵、内部探伤等。

3.6 "怒发"冲冠

静电就是一种处于静止状态或者不能流动的电荷。用毛皮摩擦琥珀、丝绸摩擦玻璃棒等方法均能使物体带上电，物体带电后，电荷会继续停留在物体表面上，除非被其他物体导走，所以称为"静电"。静电与电流不同，后者是电荷在导体中定向移动的电学现象，而带静电的物体往往具有吸引轻小物体（比如纸屑）的性质。

科学原理

根据导体的静电分布特性，导体内部没有电荷，电荷只能分布在导体的外表面上。当人站在大型静电高压演示装置旁边的绝缘台子上时，用手与球体外壳接触后，人体与球体构成一个等势体。当有高压电源通过导线把电荷转移到金属球的外表面后，球体外表面会带上静电，同时人体也带有大量的静电电荷，纤纤秀发在静电排斥力作用下全部竖起来了，形成了酷酷的爆炸型发型，从而形成了"怒发"冲冠的效果（图3.6-1），另一只手中的彩色小纸屑也出现了"仙女散花"般的现象。

实验方法

（1）实验前，先用带接地线的放电杆对金属球进行放电。
（2）请一位体验者站在绝缘台上，用一只手接触金属球。
（3）按下"高压开关"按钮，指示灯点亮，缓慢调整高压旋钮，观察人的头发带电情况。

图 3.6-1 人体带电后"怒发"冲冠效果

(4) 关掉"高压开关"按钮,指示灯熄灭,缓慢调整高压旋钮回零位。
(5) 体验结束 5s,请绝缘台上的体验者走下台面,并确保两脚同时落地。
(6) 用放电杆对金属球再次放电。

注意事项

(1) 在"高压开关"接通前,必须用带接地线的放电杆对金属球放电。
(2) 实验过程中,体验者的手切记不要离开金属球。如果确实离开了,则不要再重新接触金属球。
(3) 旁观观众不要离仪器过近(应保持 2m 以上距离),不要用手指或金属物体指点金属球。
(4) 实验结束后关闭控制台总电源开关,务必用放电杆对金属球再次放电。

科学小知识

1. 静电应用

静电纺丝是一种特殊的纤维制造工艺，聚合物溶液在强静电力作用下喷射纺丝，喷射针头处的液滴会由球形变成圆锥形，从圆锥尖端处不断延展形成纤维细丝，用这种方式可以生产出不同直径的高强度聚合物纳米纤维。静电喷涂是利用电晕放电原理使雾化涂料在高压电场作用下带上负电荷，吸附于正电荷基底表面后释放电荷的涂装方法，它具有施工环境好、喷涂效率高的优点。含尘空气经过高压静电场时被电离后，尘粒与电子结合带负电，趋向阳极表面放电后而沉积下来，达到净化气体、收集粉尘的目的，这就是冶金行业和煤电厂静电除尘的物理原理。

2. 静电预防

航天飞行器在飞行中与大气中的各种尘粒摩擦，在其外表面会积累大量静电荷，长时间以来可能会因静电屏蔽使其失去与外界的通信与联系，成为高速运动的"聋子"和"哑巴"。所以，飞行器上必须配备静电释放器，及时将静电荷释放到空气中，确保飞行器的飞行安全。在半导体制造工业中，带静电的尘埃更加容易吸附在基片和电路上，积累到一定程度后，释放静电形成的电流会产生射频干扰，还会造成电路的开路或短路。所以，人们总是想尽一切办法来预防生产、加工、测试和运输过程中所出现的静电，比如使用含有静电席的防护工作台，操作间使用静电带，工人穿防静电的工作服和鞋子、佩戴防静电的手腕带等。

"怒发"冲冠

3.7 雅各布天梯

希腊神话中有这样一个故事：雅各布做梦沿着登天的梯子取得了"圣火"，后人便把这个神话中的梯子称为雅各布天梯。在物理实验室中，能否用科学的原理和仪器设备再现雅各布取圣火的过程呢？

 科学原理

雅各布天梯装置由变压器、羊角电极等部分组成（图3.7-1）。两根呈羊角形的管状电极，一极接高压电，另一极接地。由变压器提供数十万伏的高压，在羊角电极间击穿空气，形成弓形电弧，产生磁场，使电弧向上运动，其运动过程类似于爬梯。当电弧被拉长到一定长度，所施加的电压再不能维持产生电弧所需的物理条件时，电弧就消失，此时羊角电极底部又会产生新的电弧，形成周而复始的电弧爬梯现象。

在十万伏高压下，两电极最近处的空气首先被击穿，形成大量的正负等离子体，即产生电弧放电。由于电弧加热作用，空气就越易被电离，使其上方的空气也被击穿，接连不断地放电。电弧不断上升，随着电弧逐渐被拉长，电弧通过的电阻变大，当

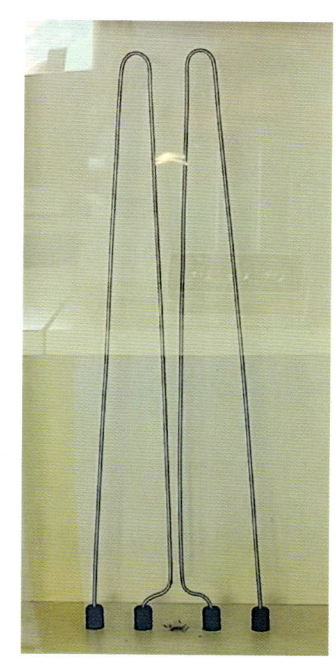

图 3.7-1　雅各布天梯

电流输送给电弧的能量小于由电弧向周围空气散发的热量时,电弧就会自行熄灭。管状电极底部产生电弧,电弧逐级激荡而起,如一簇簇圣火向上爬升,犹如希腊神话中的雅各布天梯。雅各布天梯原理如图 3.7-2 所示。

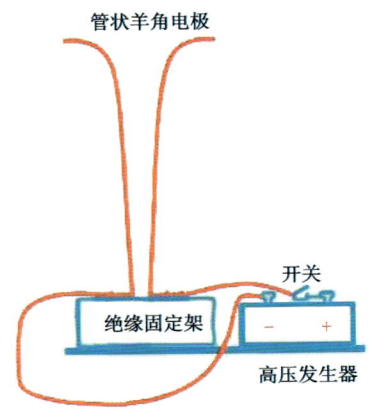

图 3.7-2　雅各布天梯原理图

实验方法

(1)打开电源开关,注意观察电弧的运动方向,可看到高压弧光放电沿着"天梯"向上爬,同时听到"啪啪"的放电声,直到向上移动的弧光消失,天梯底部又再次产生弧光放电。

(2)注意观察电弧产生和结束的具体位置。

注意事项

(1)仪器通电工作时间不能过长,一般不超过3min,否则将自动断电进入保护状态,稍等一段时间,仪器恢复后可继续工作。

(2)仪器工作时电极上会产生很高的电压,要注意实验安全。

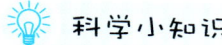

科学小知识

无论是在稀薄气体、金属蒸气或大气中,当回路中电功率较大时,能够提供足够大的电流使气体击穿,伴随有强烈的亮光,这时所形成的自发放电形式就是弧光放电。

电弧是一束高温电离气体,在外力作用下,如气流、外界磁场甚至电弧本身产生的磁场作用下会迅速移动(可达几百米每秒),拉长和卷曲成十分复杂的形状。电弧在电极上的孳生点也会快速移动或跳动。而且直流电弧要比交流电弧难以熄灭。能量平衡是描述电弧放电现象的重要理论基础,电弧产生的能量是焦耳热,能量传递则通过辐射、对流和传导3种途径进行。

电弧放电可用于焊接、冶炼、照明、喷涂等,这些场合主要是利用电弧的高温、高能量密度、易控制的优点,都需要稳定的电弧放电。

雅各布天梯

3.8 法拉第电笼

法拉第电笼是以电磁学的奠基人、英国著名物理学家迈克尔·法拉第的姓氏命名的一种用于演示等电势、静电屏蔽和高压带电作业原理的科学设备。当年法拉第冒着被电击的危险,做了一个闻名于世的实验——法拉第电笼实验,他把自己关在金属笼内,当笼外发生强大的电流放电时,而他却安然无恙。

科学原理

法拉第电笼的原理是基于静电屏蔽知识,其原理是:如果将导体放在电场强度为 $E_外$ 的外电场中,导体内的自由电子在电场力的作用下,会逆电场方向运动最终处于静止状态。这样,导体内的负电荷分布在一边,正电荷分布在另一边。由于导体内电荷的重新分布,这些电荷形成一个与外电场方向相反的电场,电场强度为 $E_内$。根据场强叠加原理,导体内的电场强度等于 $E_外$ 和 $E_内$ 的叠加,两个等大反向的电场相互叠加而抵消,使得导体内部总电场强度为零。当导体内部总电场强度为零时,导体内的自由电子不再定向移动,物理学上将导体中没有电荷定向移动的状态叫做静电平衡。处于静电平衡状态的导体,内部电场强度处处为零。由此可知,处于静电平衡状态的导体,电荷只分布在导体的外表面上。如果这个导体是中空的,当它达到静电平衡时,内部也没有电场,这种现象称为静电屏蔽。法拉第电笼如图 3.8-1 所示。

图 3.8-1　法拉第电笼

实验方法

（1）请体验者走进笼子，并关好笼门。

（2）打开特斯拉放电电源开关，逐渐增加电压，根据电弧情况来改变不同的电子音乐配乐，观察体验者在笼子内的活动情况。

注意事项

（1）高压特斯拉放电容易将人的皮肤烧伤，尽管高频电有趋肤效应，但是高压电击穿空气后产生的高温不可忽视。

（2）设备周围如有植入或者非植入电子医疗设备携带者时，实验时可能会导致这些设备的失灵，导致生命危险。

（3）笼体必须可靠接地。

科学小知识

法拉第电笼是一个由金属或者良导体做成的笼子,它是由笼体、高压电源、电压显示器和控制器部分组成,其笼体与大地连通。高压电源通过限流电阻将 $10×10^4$ V 直流高压输送给放电杆,当放电杆尖端距笼体 10cm 左右时,电荷都分布在放电杆的外表面,随即出现火花放电现象。根据接地导体静电平衡的条件,笼体是一个等位体,内部电势为零,电场强度为零。静电屏蔽在实际生活中有很多应用。

(1)高压作业人员带电工作时,可通过穿着金属丝制成的防护服。当接触高压线时,人体全身表面形成了一个等电位面,使得作业人员的身体没有电流通过,起到了很好的保护作用。

(2)汽车就是一个很好的法拉第电笼,由于汽车外壳是一个大金属壳,形成了一个等电位体。当汽车在雷雨天行驶时,车里的人根本不用担心遭到雷击。

(3)将精密仪器设备的金属外壳接地,可有效避免不必要的电磁干扰以及雷电袭击。

法拉第电笼

3.9 辉光球

1898年，英国化学家拉姆塞把一种稀有气体注射进真空玻璃管里，然后把封闭在真空玻璃管中的两个金属电极连接到高压电源上。他发现注入真空管的稀有气体不但导电，而且还发出了非常美丽的红光。拉姆塞把这种稀有气体命名为氖气，辉光球就是基于此发光原理而设计出来的。

科学原理

在辉光球内充有低压惰性气体，中心是一个球形的高频高压电极。气体分子在外界因素（如火焰、紫外线、放射线和强电场等）的作用下，电离后形成电子和正离子。辉光球通电后，中心电压高达数千伏，气体中的正负离子在强电场作用下相互碰撞，离子数大量增加，惰性气体也被击穿电离。离子、电子和分子间相互撞击时，常会引起电子的能级跃迁并发射出美丽的辉光，称为"辉光放电"。当人手触摸球壳时，出现辉光被手"吸引"的现象，这是因为人体电阻影响了辉光球内部的对称电场分布。辉光球放电效果如图3.9-1所示。

实验方法

（1）接通电源，即可以看到球体内辉光放电。

（2）用手指轻触玻璃的外表面，观察气体在极间电场中电离、复合而产生辉光的现象。

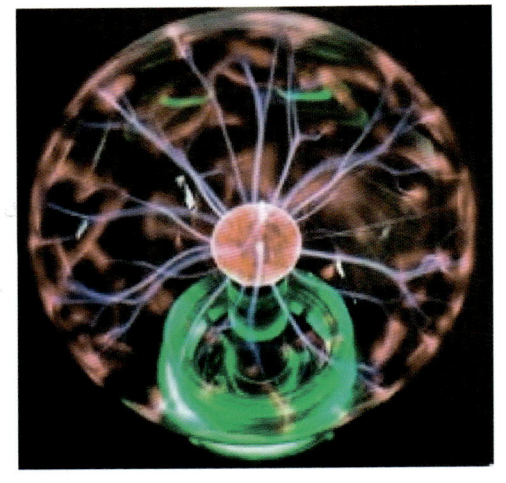

图 3.9-1　辉光球放电

（3）用日光灯管或由氖泡组成的试电笔靠近或接触辉光球壳时，可以看到它们也会发光，说明球壳与地面之间存在一定的电位差。

注意事项

（1）严禁撞击和损坏玻璃球，避免用很热的手接触球体。
（2）辉光球要放在台面上观看，不能拿在手中，以免损坏。

科学小知识

辉光球内充有稀薄的惰性气体，球中央的电极与高压高频电源相连，在高频电压电场的作用下，气体电离而光芒四射，当用手触及球面玻璃时，人体相当于另一个电极，与中央电极形成一个很大的电压差，手指周围处的辉光变得更加明

亮。霓虹灯与辉光球的工作原理是一样的。极光是地球周围的一种大规模放电现象，来自太阳的带电粒子到达地球附近时，地球磁场迫使其中一部分粒子沿着磁场线集中到南北两极，与高层大气中的原子和分子碰撞并激发产生鲜艳亮丽的光芒，也是一种气体电离发光的现象。

3.10 电磁加速器

电磁学是研究电学和磁学两者相互作用和规律及应用的物理学分支学科。根据近代物理学的观点,磁的现象是由运动电荷所产生的,因而在电学的范围内必然不同程度地包含磁学的内容,所以电学和磁学知识是不分彼此的。人们已经研制出了包括电磁铁起重机、电视显像管、回旋加速器和电磁加速器等在内的一系列运用电磁学知识的装置,其中电磁加速器是目前世界大国都在研究的热门领域,利用电磁加速可以在更加环保的条件下获得更好的加速效果,在战略性武器和航空航天领域都有着十分广阔的前景。

科学原理

电磁加速器如图 3.10-1 所示,当靠近第一个线圈的金属感应器感应到金属小球接近时,第一个金属线圈立刻通电具有磁性,金属小球被吸引后穿过第一个金属线圈,当小球穿过第一个金属线圈后线圈立刻断电。金属小球因为惯性滚向第二个线圈,当第二个金属感应器感应到金属小球靠近时,第二个金属线圈又立刻通电吸引金属铁球穿过第二个线圈,穿过线圈后又滚向下一个线圈,如此反复循环。理论上来说,金属小球能够不断地在圆形轨道上一次一次地穿过金属线圈,小球的运动速度会越来越快。但是,受轨道半径的限制,当小球达到一定的速度之后容易脱离轨道飞出去。所以,当小球达到一定的速度值之后,装置会自动断电,小球失去动力后自然会快速停下来。

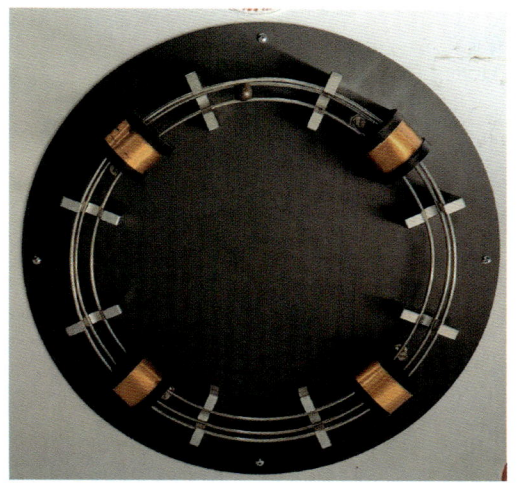

图 3.10-1　电磁加速器

实验方法

（1）打开电源，用小棒拨动一下金属球使其获得一定的初速度。

（2）此时会观察到金属小球在圆形轨道上的运动速度越来越快，达到一定的速度之后金属小球会自动停下来。

注意事项

（1）人的面部不能和金属轨道距离太近，防止小球脱离轨道伤及面部。

（2）金属小球运动起来之后，中途不能用强行断电的办法使其运动停止下来。

科学小知识

任何通有电流的导线,都可以在其周围产生磁场的现象,叫做电流的磁效应,它是由丹麦的物理学家奥斯特提出的。他于 1820 年 7 月 21 日发表了题为《关于磁针上电流碰撞的实验》的论文,揭开了电磁学的序幕,标志着电磁学时代的到来。

后来,法国物理学家安培又创造性地拓展了相关实验内容,研究了电流与电流之间的相互作用,他用实验证明了两平行导线通以相同方向的电流时相互吸引,电流方向相反时相互排斥。法国科学家毕奥和萨伐尔通过实验得到了载流长直导线对磁体的作用大小反比于距离的平方,后来法国数学家拉普拉斯用精妙的数学分析,通过归纳总结,把实验结果进行提炼,得出了毕奥-萨伐尔-拉普拉斯定律(简称毕-萨-拉定律),给出了电流元所产生的磁场强度的公式,阐明电流元在空间某点所产生的磁场强度的大小正比于电流元的大小,反比于电流元到该点距离的平方,磁场强度的方向用右手螺旋法则确定,且垂直于电流元到场点的连线。

3.11 电磁炮

电磁炮是利用电磁发射技术制成的一种先进动能杀伤武器,与传统大炮将火药燃气压力作用于弹丸不同,电磁炮是利用电磁系统中电磁场产生的安培力来对金属炮弹进行加速,使其达到打击目标所需的运动动能。与传统的火药推进的炮弹相比,电磁炮可大大提高弹丸的速度和射程。

电流通过任何导线时都会在周围产生磁场,形成一个可产生磁力作用的区域,而且具有大小和方向。例如电磁炮电枢中的电流在磁场作用下产生了安培力或洛伦兹力。洛伦兹力是安培力的微观表现,对于固体电枢而言,发射力是安培力。对于等离子电枢而言,发射力是洛伦兹力。

科学原理

线圈电磁炮是利用电磁力来加速弹丸的电磁发射系统,它主要由电源、开关、加速装置和炮弹4部分组成。如图3.11-1所示,根据通电线圈之间磁场的相互作用原理,加速线圈固定在炮管中,当它通以交变电流时,产生的交变磁场就会在弹丸线圈中产生感应电流,感应电流的磁场与加速线圈电流的磁场互相作用,会产生洛伦兹力,使弹丸加速运动并发射出去。

如图3.11-2所示,在电磁轨道炮中,两条轨道就像两根导线,通上电流后每条轨道的周围都会产生一个磁场,由于电流方向刚好相反,根据安培定律,导轨中间会产生很强的同向叠加磁场。根据左手定测,在磁场中的电枢受到一个向前的电磁推力作用。

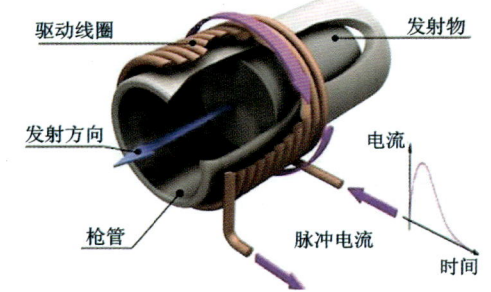

图 3.11-1　线圈电磁炮结构原理图

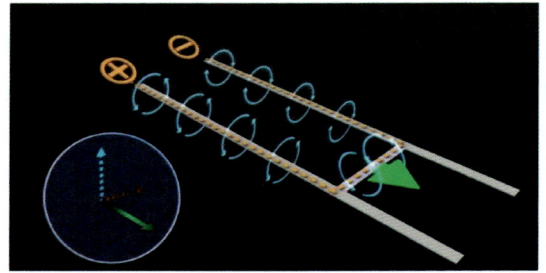

图 3.11-2　电磁轨道炮原理图

实验方法

（1）炮弹从炮管尾部放入线圈电磁炮管道中。

（2）按下启动按钮，金属炮弹瞬时获得很大的速度而发射出去（图 3.11-3）。

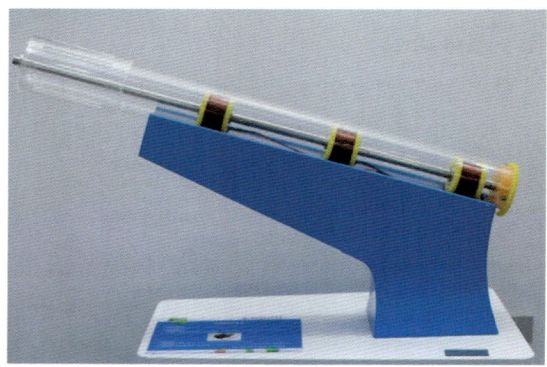

图 3.11-3　线圈电磁炮

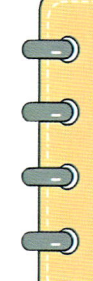 注意事项

(1)发射时人请勿站在炮管的出口位置。
(2)装炮弹时不能装得太深,防止炮弹发射时被反弹回来,发射时不能用肉眼观察发射孔。
(3)不要长时间频繁地通电,防止线圈过度发热,影响仪器的使用寿命。

 科学小知识

1831年,法拉第发现电磁感应原理之后,基于电-磁力转换的各种生产工具和武器装备层出不穷。1845年,挪威皇家腓特烈大学的克里斯蒂安·伯克兰教授提出了一种"理论上可行"的电磁武器,这也是现代所有电磁武器的雏形,即早期线圈炮。

当前电磁炮主要分为两种类型。其一是原理较为简单的线圈炮,线圈炮的本质是通过强磁相互排斥或相互吸引的原理来推动金属弹丸高速飞行。与化学能转化为动能的传统武器相比,电磁炮的能量转换效率显然更高一些。另一种是通过安培力(或洛伦兹力)来为弹丸提供动力的电磁轨道炮。电磁轨道炮是电流通过导轨产生推力,推动导轨中间的金属弹丸。

电磁炮

3.12　激光琴

电子琴是一种具有多种音乐功能的乐器,正式名称是电子合成器,因形似钢琴而得名电子琴。第一台电子琴于1920年由苏联人特里明制作的。电子琴属于电子乐器,发音音量可以自由调节,音域较宽,和声丰富,甚至可以演奏出一个管弦乐队的效果,表现力极其丰富,它还可模仿多种音色效果,甚至可以奏出常规乐器所无法发出的声音(如人声、风雨声等)。

科学原理

在自然界,有些物质经过光照射,其内部的原子就会释放出电子,使物质的导电性增强。原来电阻很大的物质,在光照作用下,电阻会变得很小,这种现象叫作光电效应。用这种材料制成的光敏元件,可以对电路进行光学控制。利用光学控制原理制作的电子激光琴(图 3.12-1),使得演奏者无需用手接触琴身就可演奏。演奏者用手遮住一束激光,无弦琴就会发出声音,相当于拨动了某一根琴弦。经过有变化、连续地光路控制,可以演奏出不同的音阶和乐曲,同时可以按琴柱上的音乐选择按钮,可改变无弦激光琴的音色。

在电子激光琴上端的钢管里,分别放置了数个模拟激光发射器,它向下发射出数个激光光点,直射在下端的接收器上。当接收器内的光敏二极管接收到光的照射后,其内电阻会发生变化,从而控制了接收器的开启与关闭,不同控制状态接通不同音管的光电电路系统,就会让电子激光琴发出不同的音调和发声了。

图 3.12-1　电子激光琴

实验方法

打开电源开关,用手变化地、连续地有规律性遮挡住激光束,就可以听到优美动听的音乐声音。

注意事项

(1)若出现激光管不亮或电子琴没有声音时,请立刻将电源断掉,然后重新开启。
(2)仪器设备若长时间无触发信号则会自动进入待机状态,此时重新开启电源开关,即可让仪器重新工作。

科学小知识

自从发现了光电效应,光电转换器件就获得了突飞猛进的进展,它是利用光

电效应将光信号转换成电信号的电子元件。常用的转换器件有光敏电阻、光电倍增器、光电池、PIN 管、CCD 等。

光电转换器件在现实生活中应用十分广泛,在不同的工作领域里,光电转换器件会有不同的作用,如各大公共场所的自动门,就是运用红外光电转换原理来完成门的启闭操作。再如生产工厂对产品数量的自动计数,也是运用光电门挡光的方法来完成对产品的计数操作。

激光琴

4 光学实验

4.1 三基色

人类视觉系统通过 3 种颜色感受器的组合,能够感知并辨别数百万种不同的颜色,这到底是怎么实现的呢?

 科学原理

三基色指的是 3 种基本颜色,即红色、绿色和蓝色。这 3 种颜色是组成所有其他颜色的基本色彩,也称为 RGB 颜色模式,是目前最广泛使用的颜色模式。

色光三基色演示是一种通过光的加法混合来展示红、绿、蓝 3 种基本色光如何组合成其他颜色的实验(图 4.1-1)。

 实验方法

(1)将 RGB 灯放置在透明或半透明的投影屏幕或白色墙壁前,确保光源与屏幕或墙壁之间的距离适中,以便清晰地看到颜色变化。

(2)将红光调整到最大亮度,绿光和蓝光调整到最小亮度,观察屏幕上显示的颜色应该是纯红色。

(3)将绿光调整到最大亮度,红光和蓝光调整到最小亮度,屏幕上显示的颜色应该是纯绿色。

(4)将蓝光调整到最大亮度,红光和绿光调整到最小亮度,屏幕上显示的颜色应该是纯蓝色。

(5)尝试将 3 种颜色光的亮度调整到相同或相近的水平,观察屏幕上显示的颜色应该是白色。

(6)尝试调整 3 种颜色光的亮度比例,以产生其他颜色。例如,将红光和绿光的亮度调整到相同水平,蓝光调整到最小亮度,屏幕上显示的颜色应该是黄色。类似地,可以调整其他颜色光的比例来产生其他颜色,如绿色＋蓝色＝青色,红色＋蓝色＝品红色等。

图 4.1-1　三基色原理图

注意事项

(1)请勿直接触摸光源,以防烫伤。
(2)不可直视强光,注意保护眼睛。

科学小知识

在电子设备和数字图像处理中,我们常常需要使用 3 种基色来生成其他的颜色。此外,三基色在人类视觉中也具有重要应用,眼睛有 3 种颜色感受器:红色、绿色和蓝色(又称 R、G、B 锥形细胞),它们分别对应于 3 种基本颜色。三基色还被应用在灯光和影视行业中。在舞台灯光设计中,常用的就是 RGB 的混色方式,通过红、绿、蓝 3 种灯光的不同亮度组合来设计绚丽多彩的灯光效果。在电影和电视的显示色彩模式里,也是采用三基色作为基础。

三基色

4.2 物像握手

当你向一面凹面镜子伸出一只手时,镜子里面也向你伸出一只一模一样的手,并要和你握手,这是怎么回事呢?

科学原理

物像握手现象是基于凹面镜的成像原理,当观众站在特定的位置并将手伸向镜面时,会观察到一种物像握手的视觉效果。

当观众站在凹面镜前不同的距离时,可以看到焦点附近的位置会产生不同的成像效果,如图 4.2-1 所示。当观众站在凹面镜前,不断调整位置将手放在抛物面主光轴上 2 倍焦距处时,由于凹面镜的反射定律和成像特性,观众会看到一个与自己手大小相同、方向相反的镜像,这个镜像看起来就像是观众自己的手在镜子的另一端,从而产生了身临其境的视觉效果,如图 4.2-2 所示。

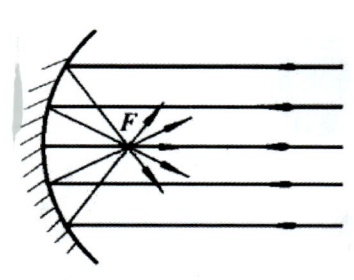

图 4.2-1　凹面镜成像原理图

图 4.2-2　凹面镜成像

实验方法

（1）体验者站在凹面镜前不同的位置，根据距离远近观看成像的变化情况。

（2）调整手与镜面距离到某个位置，当把手伸向凹面镜时，手将与其像重合，感觉就像同自己握手一样。

注意事项

不可用手直接触摸凹面镜。

科学小知识

根据从焦点处经凹面镜反射后的光线成平行光线的性质可以制作出一系列灯具，如手电筒、汽车头灯、军事上的探照灯等，都是用凹面镜作反射面，其原理就是使放在焦点附近的灯泡发出的光反射后向同一方向近似平行地传播，具有光束集中、亮度大、照射距离远的优点。

4.3 隐身魔术

不用羡慕哈利波特的神奇力量，你也可以拥有隐身魔法！

科学原理

隐身魔术涉及平面镜成像和视觉错觉的原理。

平面镜所成的像是物体发出（或反射）的光线射到镜面后发生反射，由反射光线的反向延长线在镜面后相交而形成的。如图 4.3-1 所示，点光源 S 在镜后的像 S' 并不是实际光线会聚形成的，而是由反射光线的反向延长线相交形成的，所以 S' 叫做 S 的虚像。如果把光屏放在 S' 处，是接收不到这个像的，所以虚像只能用眼睛来观察，而不能显示在屏上。

如果有这样一个大型的竖直放置的箱子，箱子前面垂直的两个面上各安装了一面平面镜。由于四面的墙面、地面、镜面都互相垂直，黑白方格的图像在平面镜中形成了完整的反射像，而周围环境又没有任何参照物。如果镜子后面站一个人，人的身体就被遮挡在箱子后面。这在视觉上会给外面的观察者产生错觉，以为镜子反射出来的镜像是镜子里面存在的实物，人好像真的隐身消失了。

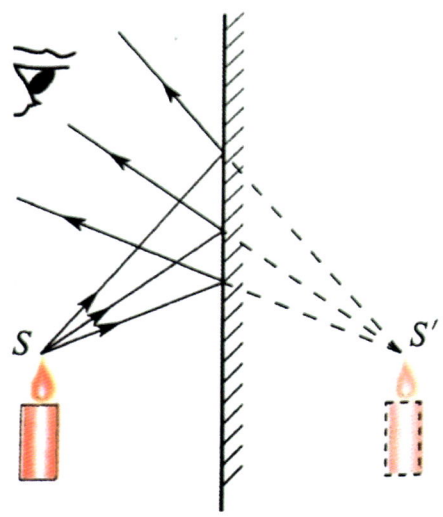

图 4.3-1　平面镜成像原理图

实验方法

（1）一名体验者甲从一座用平面镜子做成的房子后面小空间中把头露出来。

（2）其他的观察者站在房间前面比较远的地方观察，可以看到甲的头，但看不到甲的身体和躯干，甲的身体神奇地消失了，好像甲本人会隐身魔法一样，如图 4.3-2 所示。

注意事项

（1）保持平面镜光洁，人体隐身的效果才会更加逼真。
（2）注意不要用金属器件撞击镜面。

图 4.3-2 平面镜成像

科学小知识

隐身魔术是依据平面镜成像的原理,运用特制的道具和场地,巧妙综合地运用视觉错觉进行的表演艺术。它抓住了人们好奇心和喜欢猎奇的特点,创造出一种让人不可思议、变幻莫测的现象,从而达到以假乱真的艺术效果。

隐身魔术

4.4 人造火焰

我们经常在舞台、电影特效和游戏中看到漫天大火的场景,有人甚至站在熊熊烈火当中也安然无恙,那么这是真正的烈火吗?

 科学原理

人造火焰仪器下部分是由半透明的材料制成的炭火造型,主要是由于不同厚度的炭火模型各位置的透光率不同。在仪器内部的灯光照射下,模型较薄的地方显得火红,较厚的地方显得暗淡。在炭火模型的后面放置一面反光镜,上面刻有火苗状的透光镜,炭火模型与其镜中的像形成对称结构,中间形成一条透光缝,同时在缝的下部有一根横轴,轴的四周镶满不同反射方向的小反光片,光源的入射光照到反光片上,随着轴的转动,光也被随机地漫反射出来,让我们看到动态的火苗,其结构和原理如图 4.4-1 所示。

 实验方法

(1)接通电源,观察玻璃视窗内有类似熊熊火焰燃烧的情景图像。
(2)打开加热开关,此时还会有热风吹出,里面就更像一个逼真的火炉,如图 4.4-2 所示。

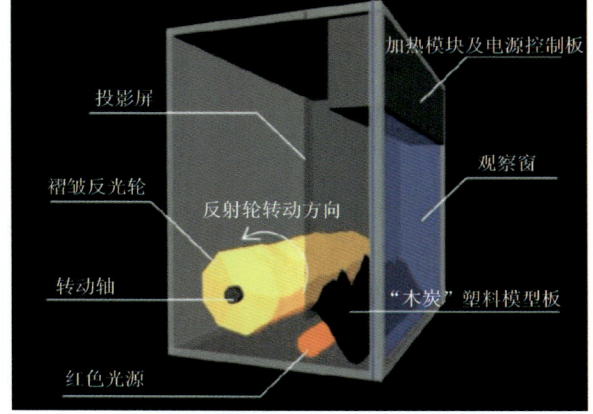

图 4.4-1　人造火焰设备结构和原理图

图 4.4-2　人造火焰

注意事项

如果关闭其他光源或拉上窗户窗帘,火焰的观察效果会更加逼真。

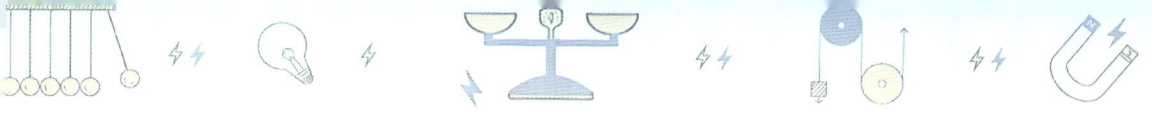

科学小知识

漫反射是投射在粗糙表面上的光线向各个方向反射的光学现象。当一束平行的入射光线射到粗糙的表面时,表面会把光线向着四面八方反射,所以入射线虽然互相平行,但由于各点的法线方向不一致,造成反射光线向不同的方向无规则地反射,这种反射称之为"漫反射"或"漫射"现象,我们人眼通常所看到的物体一般都是物体表面的漫反射光线进入了人的眼睛。

现实中也存在着镜面反射的现象。当阳光入射到一面平面镜上时,如果迎着反射光的方向去观察,会看到刺眼的光芒。但是,如果阳光入射到一张白纸上,无论从哪个方向观察,都不会感到那么刺眼。原来镜面很光滑,光线主要发生了镜面反射,而看上去很平整的白纸细微之处实际是凹凸不平的,光线发生了漫反射。所以人会看到两种不同的反射光效果。

4.5 电影原理

你知道原始电影的放映原理吗？电影的胶片拍摄的是一张张静止的照片，为什么观众看到的是动态的图像？

科学原理

电影原理主要是基于视觉暂留现象和凸透镜成像规律。当人们观看到明亮的景物时，由于视网膜上的感光细胞受到光线刺激，光线消失后，视网膜上的影像不会立刻消失，而是会短暂停留 0.1～0.4s。电影便是通过快速连续地播放一系列静态图像，使人眼产生动态视觉的效果。具体来说，电影拍摄时会将一系列静态的画面快速拍摄下来，每秒钟拍摄多幅画面（一般是 24 幅以上），然后在放映时以同样的速度将这些画面连续播放出来，由于视觉暂留现象，观众就会看到连续动态的画面，从而形成电影的观看效果。

实验方法

双手同时向一个方向快速拨动圆盘，透过上端圆桶的狭长缝隙观察里面的图像，就能观察到一系列连续的小鸟在展翅飞翔的原始电影，如图 4.5-1 所示。

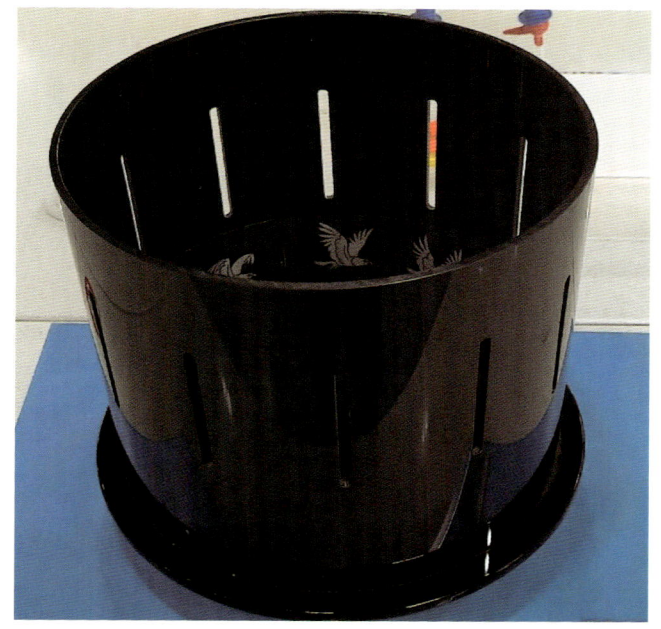

图 4.5-1 电影原理展示

注意事项

学会控制圆盘转速的快慢,调整到合适的速度使原始电影的效果最好。

科学小知识

1829年,比利时年轻的物理学家约瑟夫·普拉多为了考察人眼耐光的限度和物像滞留的时间,便对着强烈的太阳光凝目而视。实验时,他长久地坚持观察天空中的太阳,直到自己突然失明。当他闭上眼睛后,发现在黑暗中那个巨大的

光轮仍然停留在眼前。他终于明白了一个道理：当太阳的像消失后，视像能在人的视网膜上停留一段时间。他用探索科学奥秘的献身精神，验证了后人称之为"视觉暂留"的科学原理，电影的雏形便是在他失明之后而诞生的。

4.6 万丈深渊

相信大家一定听说或见识过张家界的云天渡,它是世界首座斜拉式高山峡谷玻璃桥。当你走在透明的玻璃桥上,看着脚底下的悬崖峭壁,是不是有一种如临深渊、如履薄冰的感觉呢?

科学原理

如图 4.6-1 所示,人通过玻璃远距离观察光的透射和反射现象时,光多次反射后,光强会逐渐减弱。由近到远的纵深感会形成多次成像的效果。同时玻璃窗口的一侧镶有一块半透半反玻璃镜,另一侧镶有一块反射镜。这样,二者都会对光源发出的光点进行多次反射,在观察者看来,会有许多个光点由近及远地按照一定的规律排开,站在上方有一种如临万丈深渊的感觉。光点的个数、颜色和闪烁情况都是受到电路的精确控制,增加了实验的趣味性、体验性和逼真性。

实验方法

将设备电源开关打开后,将观察到由近及远直至无穷深处的光点,且其发光颜色也在不断地变化(图 4.6-2)。

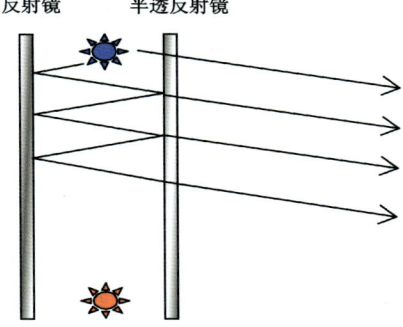

图 4.6-1　万丈深渊原理图

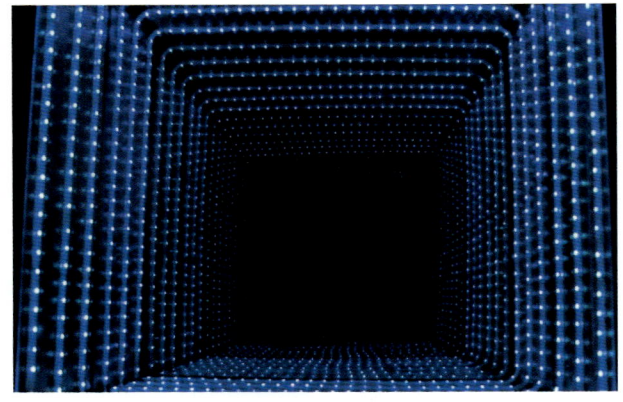

图 4.6-2　万丈深渊

注意事项

如果关闭室内照明电灯,万丈深渊的体验效果会更佳。

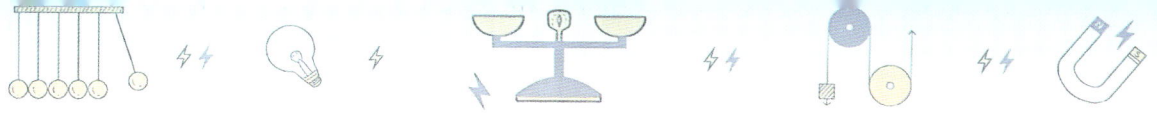

科学小知识

当两个平面镜面对面平行放置时,镜面重复反射是一种常见的光学现象,其特点是形成等大等距的虚像。通过两个平面镜重复循环的镜面反射,理论上可以产生无数个越来越远的虚像。

半透半反技术是通过镀膜改变原来的透射和反射的比例,运用镀膜的技术增透来提高光的透射率,也可以增反来减少光的透射率。半透半反就是这个镀膜玻璃的透射率和反射率各占50%,就是光线经过这个薄膜以后,其透射过的光强和被反射回来的光强各占总强度一半。

4.7 幻影花

镜花水月是中国古代文化中的一个著名典故。据说唐代有一位官员叫李莫愁,她是一位美丽而又聪明的女子。有一天,李莫愁在一座池塘里看到了一朵美丽的荷花,她非常想要摘下这朵荷花,后来她发现这朵荷花只是一个倒影,无法摘取。她感到非常失落,但是从这个倒影中领悟到了一个道理:人生就像镜花水月,美丽而又虚幻,我们无法真正拥有它,只能自己亲身去领悟人生的真谛。那么在现实生活中,你发现有没有类似的镜中花现象呢?

科学原理

在一个立式幻影仪内部摆放着一朵转动的花朵,此花朵发出的光线会被凹面镜反射回来,凹面镜使反射光汇聚在一起,故花朵上每一点发出的光都被汇聚在凹面镜前空间相应的点。当花朵上每一点的光线都被这样汇聚时,就在凹面镜前方相应位置会形成花的影像。如果把这个影像通过一个反射镜反射到窗口外部,就会呈现出更加逼真的立体像。

实验方法

如图 4.7-1 所示,打开电源开关,幻影仪的出射窗口就会呈现出花的幻像,可以看到一朵悬在空中且不断转动的美丽的黄花。当你误把经凹面镜反射的影像当做实像时,想用手去抓一下,当然什么也抓不到。黄花实物的位置在凹面镜前 1 倍焦距以内,在幻影仪中呈现出放大的逼真的立体像,所有影像具有较高的清晰度、立体感和真实感,使其"看得见,摸不着"。

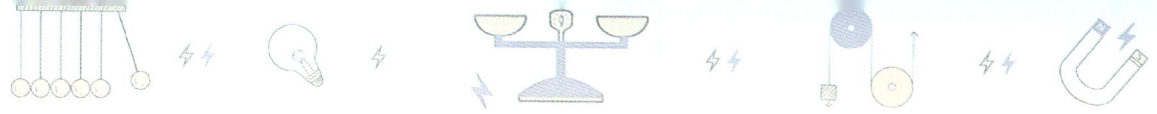

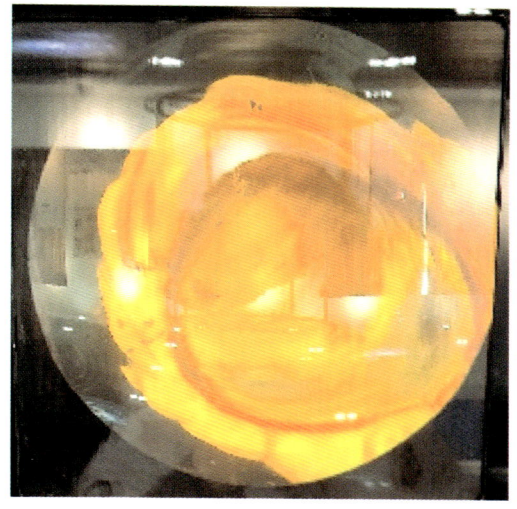

图 4.7-1 幻影仪

注意事项

如果人远离或靠近幻影仪的出射窗口位置,看到花的立体感会有明显的不同。

科学小知识

凹面镜成像规律:当物距小于1倍焦距时成正立、放大的虚像,物体离镜面越近,像越小;当物距等于1倍焦距时不成像;当物距在1~2倍焦距之间时成倒立放大的实像,物体离镜面越远,像越小;当物距等于2倍焦距时成等大倒立的实像;当物距大于2倍焦距时,成倒立、缩小的实像,物体离镜面越远,像越小。成实像时,像与物体在同侧;成虚像时,像与物体在异侧。

　　由于凹面镜是反射成像，不会出现色差，这是任何透镜成像所不能比拟的优势。望远镜的分辨率和物镜的通光口径成正比，而大口径的透镜制造是极其困难的。利用反射原理制造凹面镜则容易得多，因此凹面镜常用于制作望远镜的组件。

4.8 穿墙而过

电影中的星球战士从某一地点突然消失,能够瞬间出现在遥远的另一个地方。《封神演义》中土行孙会突然消失,一转眼又从别的地方冒出来……这些都是科幻和神话电影中才会出现的奇妙场景。在现实生活,你能找到这样的墙体,让我们能实现瞬间穿墙而过吗?

科学原理

偏振器是一个特殊的光学元件,只允许在一个特定平面内的振动光通过,这个平面称为偏振面,这个偏振方向称为偏振器的透光轴。非偏振光在垂直于传播方向的平面内所有方向上都有光的振动。如果一束自然光入射到一个理想的偏振器上,则只有一半光可以通过偏振器。实际上并没有"理想"的偏振器,它们对光都有所吸收,所以只有不到一半的光可以通过偏振器。如果一束偏振光入射到一个偏振器上,而这个偏振器的透光轴垂直于入射光的偏振方向,则没有光线能透过偏振器,这样就在交界面形成一个黑色的"暗区",类似于生活中看到的一面不可穿越的墙。

实验方法

(1)将图 4.8-1 中转筒的一端压下,观察小球的运动过程以及它是如何穿过黑色的墙。

(2)将转筒的另一端压下,再观察小球反向运动过程以及它是如何穿过墙的。

图 4.8-1 "穿墙而过"演示仪

注意事项

如果人站在转筒的斜前方,观测小球穿"墙"的过程,现象会更加明显。

科学小知识

交通法规规定:在夜间行车时,相向行驶的两车在相距 150 m 时就要变换灯光,即把远光灯切换为近光灯。但是现实生活中,一些驾驶员常常不遵守这项规则,不及时切换远近光,再加上新型车灯异常明亮,使对面的驾驶员看不清道路,交通事故也时有发生。避免这种情况发生的一种措施就是让司机戴上偏光眼镜,偏光镜会使进入眼睛的自然光的强度减少一半。如果进入眼睛的不是自然光而是偏振光,偏振光的方向和镜片透光轴一致,则光线强度不会衰减。如果偏振光的方向和镜片透光轴不一致,当方向相差 90°时,偏振光完全不会通过。这种方式优点很明显,就是把过于刺眼的光线强度衰减一半,缺点也同样明显,如果环境的光线已经很暗了,再通过偏光镜衰减后,基本上什么都看不见了。

穿墙而过

4.9 神奇的激光

激光是人类20世纪以来继原子能、计算机、半导体之后的又一重大发明，被称为"最快的刀""最准的尺""最亮的光"和"奇异的光"，它的基本意思就是通过受激辐射实现光扩大。

科学原理

激光是光的一种，也是一种电磁波，具有独特的频率和波长。通常人们所说的光是可见光，也就是波长在400～760nm间的光。

激光指的是原子受激辐射发出的光。原子中的电子吸收能量后从低能级跃迁到高能级，再从高能级回落到低能级的时候，所释放的能量以光子的形式放出。由于电子两个能级的能量差是确定的，释放出光子的波长也是一个确定值。因此，通过大量电子跃迁过程可以得到大量相同波长、相同频率的光子，这些光子形成了光信号的放大功能，相对于普通光源单色性和方向性更好。

实验方法

（1）打开电源，激光器（图4.9-1）便开始工作。

（2）将遮光物放在激光的光路中，可以看到红色的光点，在远处还可观察到特殊形状物体的衍射现象，如头发、小孔、锋利的刀片边缘等。

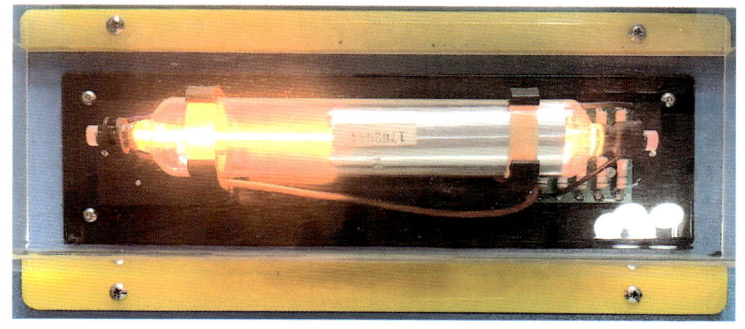

图 4.9-1 激光器

注意事项

(1) 激光能伤着眼睛,请勿直视。
(2) 激光电源是一个高压稳流电源,请勿拆卸。
(3) 不要频繁开关激光器电源,以免影响其寿命。

科学小知识

激光,这个词应该说是家喻户晓,但是很多人并不知道它的准确定义。激光,英文名称为"Laser",这个词来自 5 个实体词汇(Light Amplification by Stimulated Emission of Radiation)的英文首字母,直译是受激辐射光放大器。它的中文名称也有多种,如"莱塞""镭射""光激射器"和"光受激辐射放大器"等。也许你听到过"镭射"这个词,以为激光跟居里夫人发现的镭有关系,其实不然,"激光"是Laser的音译,最后由钱学森院士正式命名为"激光"。

4.10　3D 电视

对于色彩直观的追求,人们更倾向于观看具有临场感与沉浸感的电视,虽然曲面电视也能带来一定的临场感,但是效果和裸眼3D电视相比根本不值一提。裸眼3D技术就是人不用通过佩戴任何设备,通过屏幕就能直接观看到3D立体影像。

科学原理

　　3D电视是三维立体影像电视的简称,它是利用人眼的视差特性来呈现立体效果的电视。双目视差是形成立体视觉的主要原因之一,就是必须让左右眼分别看到有一定差别的图像,才能在人的脑海中形成立体图像。

　　如图4.10-1所示,3D电视通过两路图像分别在人的左右眼成像,一般来说,人的左眼看见的图像在电视的右边,而右眼看见的相同图像在电视的左边,左右眼实际上看见的是同一个图像,两只眼睛各自看到的图像具有不同的空间信息。我们的大脑通过这些信息来判断这些图像的距离,便会产生一个错觉,感到两张图像的图片要从屏幕里跳出来,并通过延长线投射在屏幕的前方。在两只眼睛和左右图像的光线交会的地方,就会看到一个立体的图像。通常,裸眼3D电视不需要观看者戴特殊的分光眼镜,而是给LCD屏加上一层特制的柱面透镜,并利用柱面透镜的天然分光作用分离出进入左右眼的图像,使观看者获得更加舒适的立体感觉。

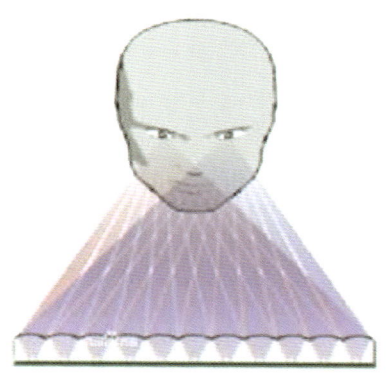

图 4.10-1　3D 电视成像原理图

实验方法

（1）如图 4.10-2 所示，打开 3D 电视机电源开关，人站在电视机前一定的距离处，就可以看见立体的 3D 电视影像。

（2）通过调整人与 LCD 屏幕的距离，比较观看效果和舒适度。

图 4.10-2　3D 电视成像效果

注意事项

(1)不宜长时间观看3D电视,否则会让体验者有恶心眩晕等感觉。
(2)观看3D电视时,人与电视机的距离不能过小,距离大一点效果会更好。

科学小知识

人在自然状态下看到的事物,是通过进入左右眼两个不同画面的差异经大脑融合成一个画面而产生立体像。3D电视正是利用这一原理,播放一些经过特殊处理的视频。但是自然状态看事物时,人们的注视点和看到的背景事物都是模糊的。3D电视虽然模拟了人眼的成像原理,但并没有考虑到人眼对注视物模糊程度的差异调节,导致电视的3D画面不分距离远近呈现出的效果都是清晰的,从而刺激眼睛,更容易产生视力疲劳。另外,观看3D电视还会产生运动障碍、眼睛干涩、身体平衡性失调、头痛和乏力等身体不适症状,如果出现这些症状应该立即停止观看。

5 新科技类实验

5.1 宇宙的恩赐之太阳能发电

自地球上诞生生命以来，生命主要以太阳提供的热辐射能而生存。古人类就懂得以阳光晒干物件，并作为制作食物的方法，如制盐和晒咸鱼等。在化石燃料日趋减少的今天，太阳能已经成为人类可使用能源的最重要来源，并且应用前景越来越广阔。太阳能作为一种可再生能源，主要是指太阳的热辐射能，就是常说的太阳能发电或太阳能热水器。

太阳能发电是用太阳能来产生电能的绿色能源技术，通过太阳能电池板将光能转化为电能，然后将其储存或直接用于驱动各种仪器设备。太阳能发电具有独特的优点，如环保、可再生、无噪声、无磨损等，被广泛应用于包括家庭、工业、交通、农业等各个领域。如太阳能灯具、太阳能热水器、太阳能烘干机等家庭用品；太阳能光伏电站、太阳能并网发电系统等工业应用；太阳能无人机、太阳能汽车等太阳能驱动的交通工具；太阳能农业灌溉系统；人造卫星上的动力和供电系统等。

科学原理

太阳能电池是通过光化学效应或者光电效应直接将光能转化成电能的装置。当太阳光照射到半导体上时，一部分光被其表面反射，其余部分被半导体吸收或透过。被吸收的光一些变成热量，另外一些以光子形式同组成半导体的价电子碰撞，产生了电子-空穴对。这样，光能就以产生电子-空穴对的形式转变为电能。

如图5.1-1所示，太阳能发电系统主要由太阳能电池板、逆变器和控制器等部分组成。其中,太阳能电池板是系统的核心部分,由多个光伏电池组件组成,在太阳光的作用下将光能转化为直流电。逆变器则是将直流电转换为交流电,以满足各种不同设备的需要。控制器负责调节和控制电流和电压,保证系统稳定运行。

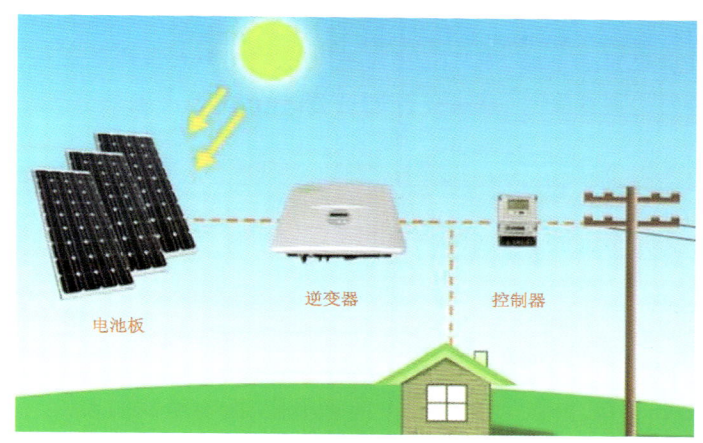

图 5.1-1　太阳能发电原理图

实验方法

（1）图 5.1-2,打开电源开关,点亮太阳能模拟光源。

（2）将电池板的输出线接在小车上的对应插座上,小车会持续运动起来,观察光能转化为电能、机械能的过程。

（3）将电池板的输出线接在对应输出插座上,灯泡会点亮,观察光能转化为电能的过程。

图 5.1-2　太阳能发电演示装置

注意事项

(1)仪器通电时,不可直接用手触摸电极和太阳能电池板。
(2)实验结束后,确保设备已经关闭后,再断开电源。

科学小知识

1度电是什么概念?1度电是一个能量单位,而不是我们通常所见到的功率单位。1度电=1千瓦时=1千瓦×1小时=1000瓦×1小时,简单来说1度电就是一台功率为1000W的电器工作1h所消耗的电能。

1度电是怎么产生的呢?火力发电是燃烧煤炭,进行能量转换时产生1度电需要消耗310g煤炭、4L净水、190g柴油、59g天然气等,产生的废弃物有160g二氧化碳、272g碳粉尘、6.2g二氧化硫、15g碳氧化物等。

水力发电:虽然没有造成那么多污染,但是需要消耗630m³的水才能产生1度电。

光伏发电:一块250W的光伏板在阳光下晒4h的等效时长才能产生1度电。

风力发电:2MW的风机以额定速度转一圈,在3.5s内发出约1.94度电,也就是风机大概转半圈才能发出1度电。

1度电能干什么呢?

1度电可以和家人电话通话25h;1度电可以灌溉约950m²田地;1度电可以在寒冬开空调约1.5h;1度电可以让25W的台灯点亮40h;1度电可以让手机充电100多次;1度电可以让66W的冰箱运转15h;1度电可以让吸尘器把100m²的房间打扫5遍。

5.2 链式反应的核能发电

世界面临资源稀缺、化石燃料殆尽、气候反常变化等严重问题。全球变暖的时代更需要清洁能源,清洁能源包括太阳能、风能、水能、生物能源和核能。

核能又称"原子能",即原子核发生变化时释放的能量,如重核裂变和轻核聚变时所释放的巨大能量,是通过其质量转化从原子核释放的能量,理论基础来源于爱因斯坦提出的质能转换方程 $E=mc^2$。核能首先是应用军事武器方面,后来才作为一种新能源用于民用核动力工业,从而开辟了发展能源工业的一条新赛道,改变了全球燃料资源逐渐匮乏的状况,改善了化石燃料燃烧时所造成的环境污染问题。

核能发电的二氧化碳排放量为零,是名副其实的清洁能源。核电还有一个不容忽视的优势——成本低。1g 铀原子核经过裂变反应能释放出相当于 2.8t 煤燃烧所得到的热能,生产 1 度电的成本远远低于火电。我国的核电站设计技术非常成熟,安全性也非常高。

科学原理

核电站一般分为两部分:利用原子核裂变生产蒸汽的核岛(包括反应堆装置

和回路系统)和利用蒸汽发电的常规岛(包括汽轮发电机系统),使用的燃料一般是放射性重金属——铀和钚。对于核电厂来说,它产生的热量来自核反应堆中的核裂变。当一个相当大的可裂变原子核被一个中子轰击时,它便分裂为两个或更多原子,同时释放出能量和中子,这个过程就叫核裂变。原子核释放出的中子会继续轰击其他原子核,形成链式增强反应。当这个链式反应能被控制的时候,它释放出的能量便可用来烧沸水。

如图 5.2-1 所示,蒸汽发生器是将回路中的冷却水通过反应堆加热变成 70 个大气压左右的饱和蒸汽,经汽水分离并干燥后直接推动汽轮发电机,从而产生电能。冷凝器可以通过海水或河水进行冷却,温度降低后的循环水又继续注入反应堆中,如此地往复循环。

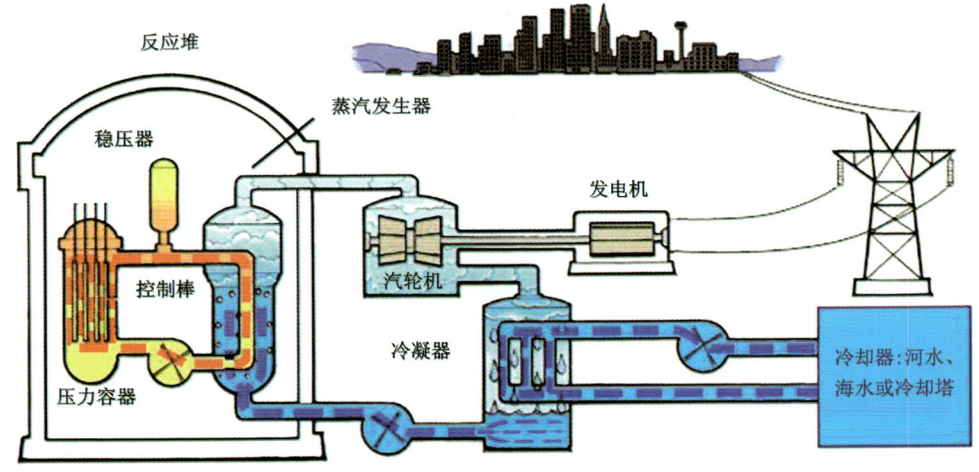

图 5.2-1 核能发电原理图

实验方法

如图 5.2-2 所示,打开电源开关,观察原子核裂变生产蒸汽的核岛和利用蒸汽发电的常规岛,灯光的运动方向表示核能热量的流动方向。

图 5.2-2　核能发电演示装置

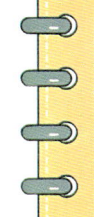 注意事项

(1)爱护仪器,不要损坏实验演示仪器。
(2)实验结束后,确保设备已经关闭后,再断开电源。

 科学小知识

质能方程

质能方程式为 $E=mc^2$,是著名物理学家爱因斯坦提出的,其中 E 表示能量,m 表示质量,而 c 则指的是光的速度(c=299 792 458m/s)。该方程主要用来解释核变反应中的质量亏损转化为高能物理中的能量。

质能方程是描述质量与能量之间当量关系的方程。在经典物理学中,质量和能量是两个完全不同的概念,它们之间没有确定的当量关系。一定质量的物体可以具有不同的能量,能量概念也比较局限,如力学中的动能、势能等。在狭义相对

论中，能量概念进行了推广，质量和能量之间有确定的当量关系，物体的质量为 m，则相应的能量为 mc^2。如 1kg 物质总能量相当于 89 875 517 873 681 764J，或者约 21 470 501 160 000cal，或者约 24 965 421 632kW·h，或者约 $2.148\,076\,431 \times 10^7$ tTNT 炸药爆炸产生的能量。

5.3 稀土壁画：夜光材料

长余辉发光材料简称长余辉材料，又称夜光材料、蓄光材料，它是一类吸收太阳光或人工光源所产生的能量并储存起来，然后把储存的能量缓慢地以可见光的形式释放出来，在光源撤销后仍然可以长时间发出可见光的物质。

长余辉材料是最早研究与应用的材料之一，许多天然矿石本身就具有长余辉发光特性，并用于制作各种物品，如"夜光杯"和"夜明珠"等，如图 5.3-1 所示。关于长余辉材料真正有文字记载的是宋太宗时期（公元 976—997 年）所记载的用长余辉颜料绘制的"牛画"，画中的牛在夜晚还能清晰看见，其原因是画中的牛是用牡蛎为原料的发光颜料制作的。西方最早记载此类发光材料的是 1603 年一位意大利修鞋匠焙烧当地矿石炼金时，得到了一些在黑夜中发红光的材料，分析得知该矿石内含有硫酸钡，经过还原焙烧后变成了硫化钡的长余辉材料。1764 年英国人用牡蛎和硫磺混合烧制出蓝白色发光材料，即硫化钙长余辉发光材料。

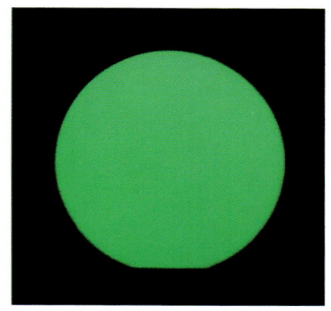

图 5.3-1 "夜光杯"和"夜明珠"

目前稀土离子掺杂的碱土铝（硅）酸盐长余辉材料已进入了实用阶段。市场上常见的产品除了初级的荧光粉外，还有夜光标牌、夜光油漆、夜光塑料、夜光胶带、夜光陶瓷、夜光纤维等，主要用于暗环境下的弱光指示照明和工艺美术品等。随着长余辉材料的形态从粉末拓展至玻璃、单晶、薄膜和陶瓷，科学家们对长余辉材料应用研究也从弱光照明、指示等拓展到信息存储、高能射线探测等领域。

科学原理

长余辉材料被电子或激光激发以后能长时间持续发光，关键在于它有适当深度的陷阱能态（相当于能量存储器）。激发后产生的自由电子（或空穴）落入陷阱中储存起来，激发停止后，常温下的热扰动而释放出被俘的陷阱电子（或陷阱空穴）与发光中心复合产生了余辉发光。随着陷阱逐渐被清空，余辉光也逐渐衰减至消失。陷阱态来源于晶体的结构缺陷，寻求最佳的晶体缺陷以形成最佳陷阱（如种类、深度、浓度等）是获得长余辉发光的主要途径。余辉时间的长短决定于陷阱深度与余辉强度，余辉光的强度依赖于陷阱浓度、容量与释放电子（或空穴）的速率。

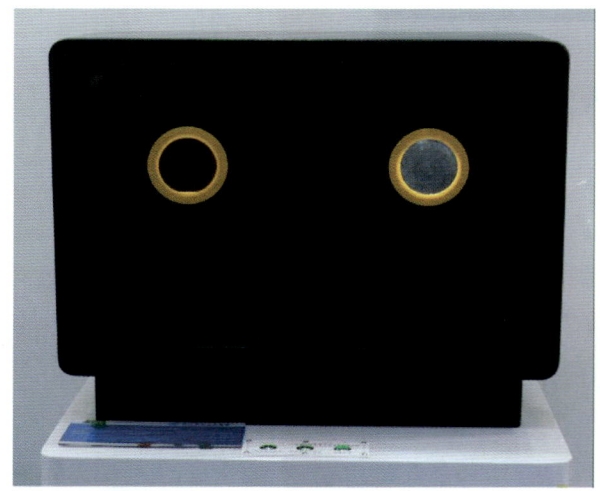

图 5.3-2　长余辉材料发光演示装置

实验方法

(1)如图 5.3-2 所示,开启电源开关,可以通过左观察窗口看见一块没有任何图案的白板,而右观察窗口里面在灯光照射下显示出一幅骏马奔腾的图样。

(2)打开左侧隐形稀土材料激发开关,左侧紫光灯亮起,原本没有任何图案的白板上显示出一幅蓝天白云和青草绿柳的美丽图像。

(3)关闭右侧长余辉稀土材料激发开关,照射灯光熄灭,窗口内视线变暗,但是原来的骏马奔腾图依然发出荧光,图像清晰可见,还具有奇幻的色彩。

注意事项

(1)爱护仪器,请勿用硬物磕碰玻璃窗口。
(2)不要频繁地按电源开关。

科学小知识

光致发光

光致发光(Photoluminescence,PL)是指物体依赖外界光源激发获得能量而产生发光的现象,它大致经过光吸收、能量传递及光发射 3 个主要阶段,光的吸收及发射都对应于不同能级之间的电子跃迁。紫外、可见光及红外辐射均可来源于光致发光,如磷光与荧光。

光致发光是冷发光,指物质吸收光子(或电磁波)后重新辐射出光子(或电磁波)的过程。从量子力学理论上讲,这一过程可以描述为物质吸收光子后,电子跃迁到较高能级的激发态后返回到低能态,同时放出光子的过程。光致发光可按延迟时间分为荧光和磷光。一般以持续时间 10^{-8} s 称为临界点,短于 10^{-8} s 的称为荧光,长于 10^{-8} s 的称为磷光。

5.4 声波悬浮

声波悬浮是一种有趣的物理现象,由于没有明显的机械支撑,也对受体没有产生附加效应,从而为科学研究提供了一种崭新的技术路径,在材料科学、流体力学、生物医学和航空等领域有非常广阔的应用前景。

采用声波悬浮方法,可以使材料的熔化和凝固过程在无容器的环境下进行,从而消除容器壁对材料相变过程的不利影响。例如,在声波悬浮条件下,可以使水冷却到零下二十多摄氏度还不结冰,从而获得过冷状态的水。采用声波悬浮方法,还可以实现晶体在悬浮状态下生长,液滴完全在自由表面的约束下运动,对液体表面张力、黏度和比热等物理量进行非接触测量,从而获得液体在亚稳态下的物理性质。在太空微重力环境中,还可以用声波悬浮方法对样品进行定位。声波悬浮技术在生物医学领域也有应用,例如可以使培养液中的细胞或微生物在固定区域内浓缩集合,以提高检测效率和准确率。

科学原理

单一频率的声波在谐振腔内传播,其入射、反射两列波相干形成驻波,驻波振幅在谐振腔内相应空间位置呈周期性的极大-零-极大分布,且相邻极大值或零之间的距离均为该声波的半波长。所以,当声波谐振腔的长度恰好是该声波半波长的整数倍时会产生谐振现象。在波源强度不变、频率不变的条件下,谐振腔内产生稳定的驻波现象。在谐振腔内某一位置放置一泡沫做的轻质圆球,其上下面压力之差足以克服其自身重力时,该圆球会被悬浮起来(图 5.4-1)。

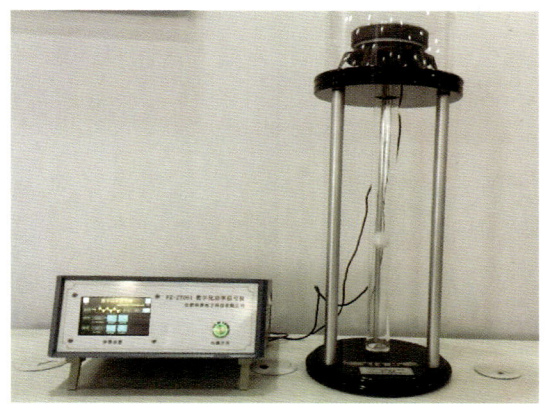

图 5.4-1　声波悬浮装置

实验方法

(1)将仪器置于水平的实验桌上,将幅度调节电位器左旋到底,打开电源开关。
(2)调节声波频率旋钮,同时缓慢增加输出功率,听听扬声器有无杂音。
(3)观察谐振管内圆球,直至圆球悬浮于管中一定位置,并不停地在管内轻微飘动和旋转。
4.重复上述操作,在不同频率下比较圆球飘浮的高度位置。

注意事项

(1)谐振具有一定的破坏性,实验时操作人员不能离开实验室。
(2)不宜长时间在最大输出功率一半的情况下工作。

科学小知识

驻波是一种物理现象,指频率相同、传输方向相反的两列波(不一定是电磁波)沿传输线形成的一种特殊分布状态。驻波中,一个波通常是另一个波的反射波。在波形上,波节和波腹的位置始终是不变的,给人"驻立不动"的感觉,但它的瞬时值是随时间而改变的。如果这两列波的幅值相等,则波节的幅值为零,驻波中各点的能量不随时间变化而改变。驻波在自然界中十分常见,例如水波、乐器发声、树梢震颤等都与驻波相关。图 5.4-2 为弦线上形成的驻波图像。

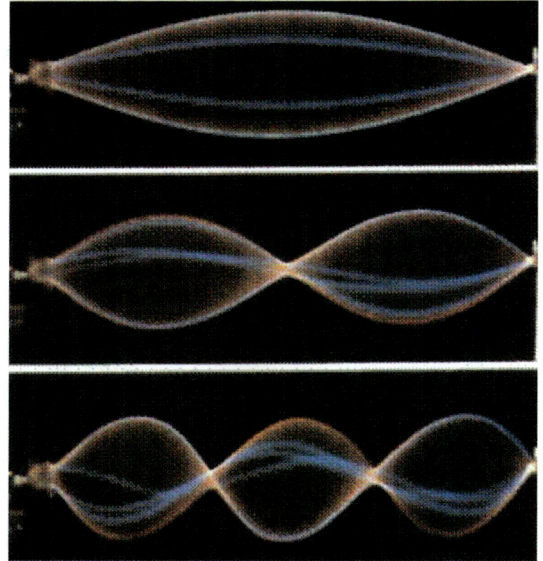

图 5.4-2 弦线驻波图像

声波悬浮

5.5 光纤通信

在人类社会的早期,就已经开始使用光传递信息了。这样的例子有很多,如打手势是一种目视形式的光通信;三千多年前的烽火台;至今仍然使用的信号灯、旗语等都可以看作是原始形式的光通信。

早在 1880 年,美国的贝尔(Bell)发明了"光电话"。这种光电话利用太阳光或弧光灯作光源,通过透镜把光束聚焦在送话器前的振动镜片上,使光强度随话音的变化而变化,实现话音对光强度的调制。在接收端,用抛物面反射镜把从大气传来的光束反射到硅光电池上,使光信号变换为电流传送到受话器。

激光光纤通信是以激光为信号载体,以光导玻璃纤维为传输媒质的一种通信方式,在现代通信网中起着举足轻重的作用。光纤与以往的铜导线相比,具有损耗低、频带宽、无电磁感应干扰等传输特点,因此,人们将光纤作为灵活性强且经济的优质传输介质,广泛地应用于数字传输和图像通信方式中。目前,在通信线路中广泛使用的光纤是石英系光纤,除去保护层外,光纤的直径仅有 125μm,质量极轻,便于储存、运输和架设。光纤的主要成分是高纯度的 SiO_2,是地球上资源最丰富的化合物,占地壳物质的 59%,占已知岩石主要成分的 95% 以上。

科学原理

在发送端首先要把传送的信息(如视频)变成电信号,然后调制到激光器发出的激光束上,使光的强度随电信号的幅度(或频率)的变化而变化,通过光纤发射出去。在接收端,检测器接收到光信号后把它变换成电信号,经解调后恢复原来的信息(图 5.5-1)。

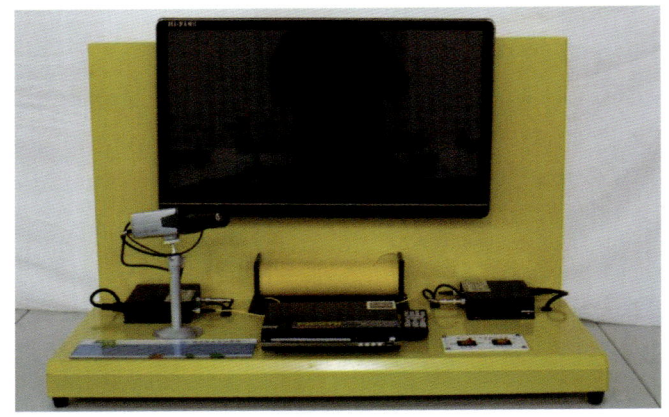

图 5.5-1 激光光纤通信装置

实验方法

(1)将 DVD 的视频和音频输出端分别连接到实验仪器的音频和视频输入端。

(2)将实验仪器的视频和音频输出端分别连接到显示器的音频和视频输入端。

(3)打开电源,可在显示器上看到 DVD 里输出的视频图像,同时也能听到视频中的声音。

(4)把摄像机输出的视频信号或无线麦克风输出的音频信号接入信号输入端,作比较性的观察实验。

(5)实验完毕,关闭实验仪器电源。

注意事项

(1)不能用力拖拉和硬拽光纤通信线。
(2)不能反复开关仪器电源。

科学小知识

激光,它表示受激辐射的发射光放大,具有许多自然光无法比拟的优越性,主要有以下特点:

(1)单色性。激光是受激辐射的产物,光子的跃迁往往发生在固定的两个能级之间,其频率分布非常窄,因而具有非常好的单色性,即色度很纯,这是自然光无法达到的(图 5.5-2)。

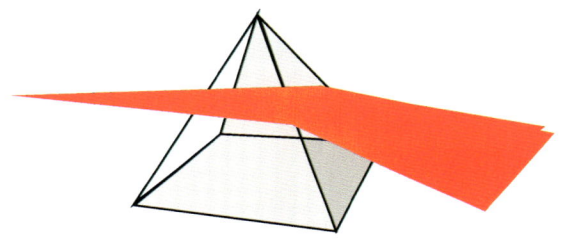

图 5.5-2　激光单色性示意图

(2)平行性。激光光束在传播过程中很少发生弥散,即使在传播很长距离后仍保持平行而不发生弥散(图 5.5-3)。

图 5.5-3　激光平行性示意图

(3)能量高度集中。在谐振腔的选择性作用下,激光光束的发散角很小,光束能量高度集中,因而方向性极好,激光光源表面亮度很强,被照射物体表面上的光照度很大(图 5.5-4)。

图 5.5-4　激光能量高度集中示意图

(4)相干性。激光是一种相干光,具有极强的空间相干性和时间相干性。空间相干性是指从激光光源不同空间位点发出的光相位差不变,方向与波长传播方向也一致。时间相干性是指激光光源同一空间位点不同时间发射出的光也有固定的相位差(图 5.5-5)。与激光相对应的其他光则是一种非相干光。

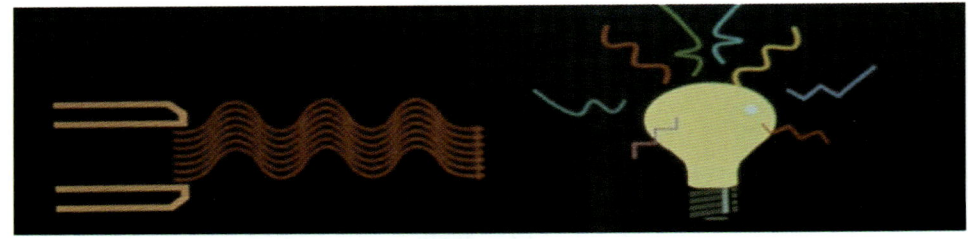

图 5.5-5　激光相干性示意图

5.6 "千里眼"雷达

雷达是利用电磁波探测目标物体的无线电子设备,号称"天空里的火眼金睛"。它的名字来源于单词"Radar",其原理是雷达的发射机通过天线把能量足够大的电磁波波束向空间某一方向作定向发射,空中的障碍物体反射这种电磁波,雷达的接收器在接收到电磁波能量后并传输给信号处理系统,可以提取回波信号中的频率、相位和振幅等信息。

雷达的优点在于无论是白天还是黑夜均能够远距离探测目标物体,且不受云、雾和雨的阻挡,具有全天候、全天时性的特点,并且有一定的穿透能力。因此,它不仅成为军事上必不可少的电子装备,而且广泛应用于社会经济活动(如气象预报、资源探测、环境监测等)和科学研究(天体运动、大气物理、电离层结构研究等)。

雷达按照用途可以分为军用雷达和民用雷达。军用雷达有警戒雷达、引导雷达、武器控制雷达、空中侦测雷达等,它们可以实现不同的军事目的。民用雷达离我们生活更接近了,有气象雷达、飞机导航雷达等,它们分别通过获取云团数据、飞机飞行记录,来实现天气准确预报和保障飞行安全的目的。

科学原理

雷达发射机通过天线把电磁波射向空间某一方向,处在该方向上的物体反射电磁波。雷达天线接收此反射电磁波,发送至接收设备进行数据处理,提取有关该目标物体的某些信息,如目标物体至雷达的距离、径向速度大小、方位、高度等。

雷达原理演示装置包括超声波探头、步进电机、控制电路、计算机。超声波探头主要用于测量探头与物体的距离；步进电机主要用于带动超声波探头绕圈扫描；控制电路负责控制步进电机和超声波探头，并负责与计算机通信；计算机负责采集、处理数据及绘制图形。

超声波探测器由两个压电陶瓷超声换能器组成，其中发射头发出 40 kHz 的超声波，由被测物体反射后被接收头接收。如果测量出发射与接收的时间间隔 t，可以计算出探测器与被测物体的距离

$$L = \frac{v \times t}{2}$$

其中 v 为当前温度 T 下的声速。

$$v = v_0 \sqrt{1 + \frac{T}{T_0}}$$

式中，v_0 为在标准状态下（即大气压为 1.013×10^5 Pa，温度为 0℃）干燥空气中的声速，$v_0 = 331.5$ m/s，$T_0 = 273.15$ K。

雷达演示装置的测距频率为 30 Hz，即在屏幕上每秒可以显示 30 个测距点。由步进电机控制测量方位角进行 360°扫描，可以探测在不同高度和方位角下的目标物体。扫描速度可分为 3 档。扫描速度越快，周期越短；扫描速度越慢，探测精度越高。

实验方法

（1）在电脑端点击图标打开工程软件，看到如图 5.6-1 所示界面。

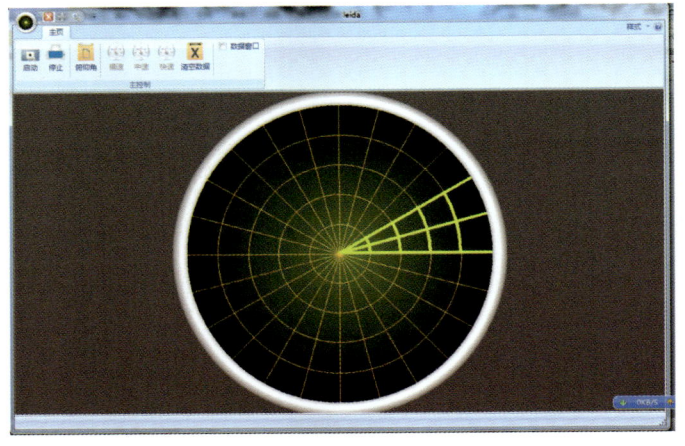

图 5.6-1　开始界面

(2)如图 5.6-2 所示,点击"启动"按钮,若硬件连接正确,则立刻开始驱动探头采集点绘图。

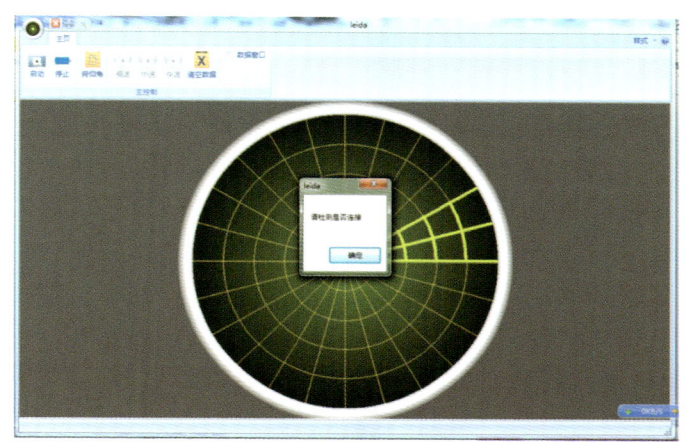

图 5.6-2　设备启动界面

(3)点击"快速""中速"和"慢速"中任何一个可以控制雷达硬件探头的转动速度按钮,屏幕上 3 条黄色粗线围成的弧转动速度会随之变化。

(4)点击"俯仰角",会弹出对话框,如图 5.6-3 所示,填入 0~90 的数字可控制探头的方向。

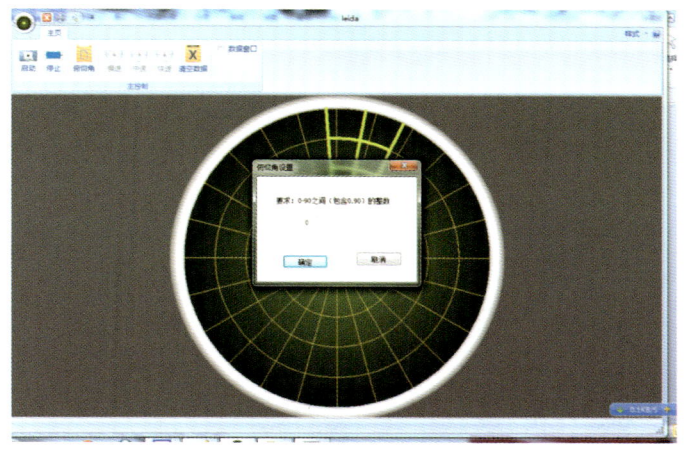

图 5.6-3　俯仰角控制界面

(5) 如图 5.6-4 所示,点击"数据窗口",显示采集到的数据结果。

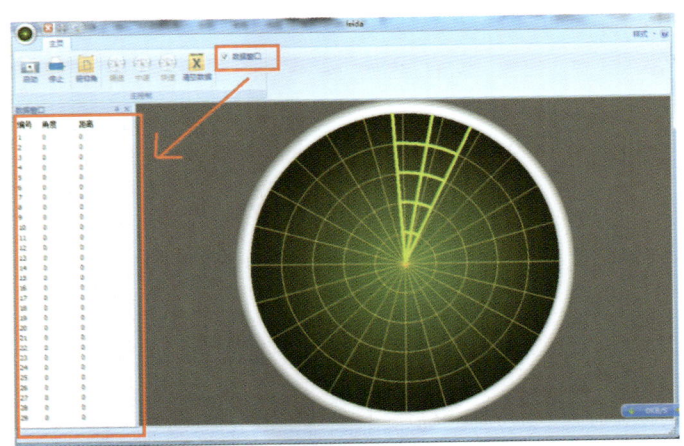

图 5.6-4　数据采集界面

(6) 点击"停止",探头会立即停止旋转。
(7) 点击"清空",界面内所有的障碍物记录会立刻消失。

注意事项

(1) 注意爱护仪器,不要触摸探头。
(2) 在实验结束后,先关闭电脑主机,再关闭电源。

科学小知识

第二次世界大战中的不列颠之战中,德国空军凭借着当时世界上最强的空战能力,取得了制空权优势,让同盟国的英军苦不堪言。后来,英军在沿海海岸线附近布防了一种特殊武器,它们能够对德军机群的来袭方向作出准确的预警。

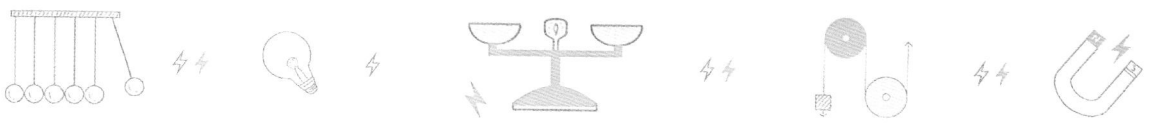

这样,他们有足够多的时间起飞战斗机拦截或用高射炮来对付德军的飞机,才逐渐扭转了战场劣势,并最终赢得了这场战斗的胜利。

多普勒雷达的基本原理是电磁波的多普勒效应,当雷达发射出电磁波信号后,如果接收到的信号频率逐渐升高,则说明目标物体离雷达位置越来越近;如果信号频率逐渐降低,则目标物体离雷达越来越远,同时根据回波信息可以计算出目标物体的移动速度、具体方位和运动轨迹等准确信息。还可以布防多个多普勒雷达形成相控阵列雷达,通过不断改变信号波束的发射方向,给待侦察的位置进行全面的扫描以锁定目标物体,通过相位比较法来获取更加精确的信息。

"千里眼"雷达

5.7 "铁树开花"：记忆合金

记忆合金是一种原子排列很有规则、体积变化率小于0.5%的马氏体相变合金。这种合金在外力作用下会产生变形，当把外力去掉之后，在一定的温度条件下，它能够恢复原来的形状。由于它具有百万次以上的形变恢复功能，因此被叫作"记忆合金"。当然它不可能像人类大脑具有思维记忆能力，仅具有形变恢复功能，更准确地说应该称之为"记忆形状的合金"。

记忆合金材料由于具有独特的形状记忆效应和超弹性、耐磨性、耐腐蚀性、高阻尼性、生物相容性等优越性能，被广泛应用于航空航天、汽车工业、机械电子、建筑工程、生物医疗等领域。发射卫星时，将Ti_2Ni记忆合金板或棒卷成竹笋状或旋涡状发条，收缩后安装在卫星内，发射后的卫星进入轨道后，利用加热器或太阳能加热天线，使合金天线在宇宙空间撑开。血栓过滤器把Ti_2Ni合金记忆做成网状，低温下拉成直线形，通过导管注入静脉腔，经体温加热后，形状变为网状，可以阻止凝血块流动。如果你的眼镜框架是用记忆合金制作的，不小心被碰弯曲了，只要将其放在热水中加热一下，就可以神奇地恢复原状。

科学原理

如图5.7-1所示，记忆合金装置主要由记忆合金弹簧和花组成。在高于记忆合金相变温度（约85℃）的环境下，合金会产生相变，合金弹簧在热风中缩短，合金花在热风中开放。

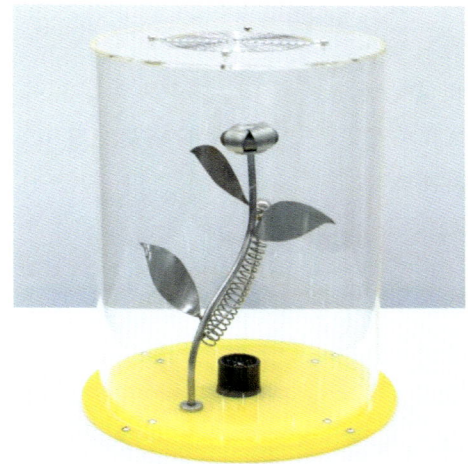

图 5.7-1 记忆合金装置

实验方法

(1)开启电源开关,在开启热风加热状态下,观察合金弹簧和合金花的形状变化情况。

(2)开启自然风降温状态,观察合金弹簧和合金花的形状变化情况。

注意事项

(1)不要长时间开启热风加热状态。
(2)仪器工作时,不要堵住出风口。

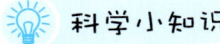

科学小知识

记忆合金产生形状记忆效应是由于合金中发生了热弹性马氏体相变和伪相变，这种现象是在多晶和单晶 Cu-Zn 合金的相变实验中发现的。相变时，马氏体常围绕母相的一个特定位向形成 4 种变体，合称为一个"马氏体片群"。在光学显微镜下采用偏振光观察，每个马氏体片群具有 4 种不同的颜色，表征各个变体的位向是不同的。形成这种结构是因为每片马氏体形成时，在其周围的基体中造成了一定方向的应力场，变体沿这个方向长大很困难。如果有另一个马氏体变体在此应力场中形成，它将沿阻力小的取向长大，使应变能降低。在通常的形状记忆合金中，根据马氏体与母相的晶体学关系，共有 6 个片群、24 种马氏体变体，变体的择优生长称为马氏体的再取向过程。当加热温度达到临界时，马氏体发生逆转变。由于马氏体晶体的对称性低，因此在逆转变时马氏体中只形成几个母相的晶体位向，有时只形成一个母相的原来位向。当母相为长程有序时，形成单一母相原来位向的倾向更大，使马氏体完全逆转变为原来母相的晶体，宏观变形也就完全逆转变。基于这种机理，记忆合金才会产生形状记忆效应。

"铁树开花"：记忆合金

5.8 苍天有眼：卫星定位

卫星定位技术广泛应用于巡航、定位、测量等领域，也是现代导航技术的重要手段之一。世界上只有少数几个国家能够自主研制卫星导航系统。当前全球有四大卫星导航系统，分别是美国的全球卫星导航定位系统（GPS）、俄罗斯的格罗纳斯系统、欧洲的"伽利略"系统和中国的北斗卫星导航系统。

从技术和应用前景上看，四大系统各有优势，如果说GPS胜在成熟，伽利略胜在精准，格罗纳斯的最大价值就在于抗干扰能力强，而中国的北斗卫星导航系统的优势则在于互动性和开放性。北斗系统与其他系统最大的不同在于不仅能使用户知道自己的所在位置，还可以告诉别人自己所处的位置，特别适用于需要导航与移动数据通信的场景。此外，我国还致力于提高北斗卫星导航系统与其他全球卫星导航系统的兼容性，促进卫星定位、导航、授时服务功能的广泛应用。

科学原理

卫星定位系统的基本原理是利用已知测量位置的卫星到用户接收机之间的距离，然后综合多颗卫星的数据来确定接收机的具体位置。具体来说，卫星会以特定的时间间隔持续地向地球表面发射带有时间戳的信号。接收机接收到信号后，通过比较信号的时间戳和本地时钟的时间，计算信号传播所需的时间，再乘以光速便得到接收机与卫星之间的距离。通过这种方式，接收机需要至少接收4颗卫星的信号，利用三角测量法计算出自己在地球表面的精确位置。如图5.8-1所示，卫星定位系统能够准确地显示运动小汽车在地球上的时间信息和空间位置。

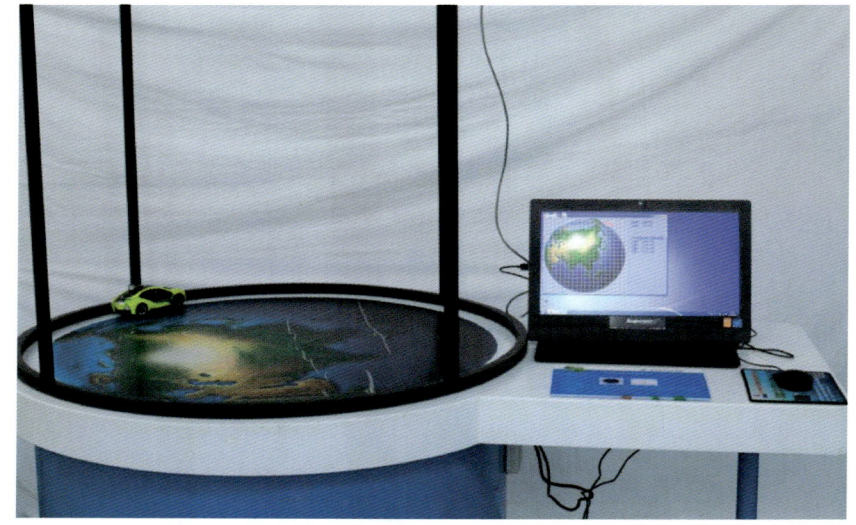

图 5.8-1　卫星定位系统装置

实验方法

（1）在电脑上开启数据通信软件端，同时开启具有接收信号模块的运动小汽车。

（2）在电子地图上观察小汽车的实时定位和位置坐标数据。

注意事项

（1）不能让运动小汽车长时间处于通电运动状态。

（2）在实验结束后，先关闭电脑主机，再关闭电源。

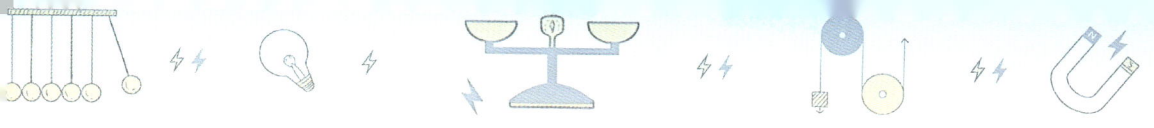

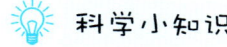

科学小知识

人造地球卫星

人造地球卫星按运行轨道可以分为：低轨道卫星，其轨道高度为 200～2000km；中高轨道卫星，其轨道高度为 2000～20 000km；地球静止轨道卫星，其轨道高度为 35 786km，位于赤道上空。

若按人造地球卫星的用途可以分为科学卫星、技术试验卫星和应用卫星，其中应用卫星又可分为军用卫星、民用卫星以及军民两用卫星。

科学卫星用于科学探测和研究，包括在物理空间探测卫星和天文卫星。卫星上的常用仪器有望远镜、光谱仪等各类遥感器，可了解高层大气、地球辐射带和极光等空间环境，观察太阳和其他天体运动。

技术试验卫星用于卫星工程技术和空间应用技术的原理性或工程性试验。许多航天新技术、新原理、新方案、新设备和新材料，通常需要在太空上进行试验，成功后才能投入使用。

应用卫星直接为国民经济和军事服务。按工作特点可分为 3 种类型：①无线电中继型，这种类型包括各种通信卫星，它们大多采用地球静止轨道，也有采用椭圆轨道、低轨道或中高轨道。②对地观测型，这种类型包括气象卫星、资源卫星和侦察卫星等，其轨道大多数采用太阳同步轨道，也有使用地球静止轨道和低轨道。③空间基准型，这种类型包括导航卫星和测地卫星，导航卫星一般采用分布在不同轨道面的相同倾角轨道的多颗卫星组成星座，测地卫星则大多数采用圆形极轨道。

5.9 亦真亦幻：三维全息影像

全息投影技术，也称虚拟成像技术，是利用光的干涉和衍射原理记录并再现物体真实三维图像的技术。全息投影技术不仅可以产生立体的空中幻象，还可以使幻象与表演者进行互动，一起完成表演，产生令人震撼的展示效果。它主要适用于工业展览、产品发布会、舞台节目和互动演出等。

科学原理

三维全息幻影成像是基于分光镜成像原理，通过对物体实拍构建三维模型的特殊处理方法，然后将拍摄的产品影像或三维模型影像叠加进特定的场景中，投影仪将光信号发射到这个锥体中的特殊棱镜上，汇集到一起后形成具有真实维度空间的立体影像。通过镜面的透射和反射，观众能从锥形空间里看到自由飘浮的三维立体影像和图形。如图 5.9-1 所示，这里的"全息"技术不是真正的全息技术，只能说是一种更加简便的方法得到亦真亦幻的投影成像效果。

实验方法

开启电源总开关，打开投影仪，3min 之后就能观察到前后左右对称的立体三维运动影像。

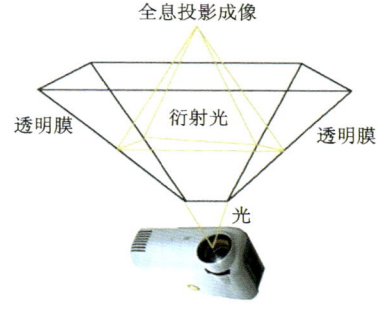

图 5.9-1　全息投影技术

注意事项

(1)镜片表面贴有进口全息膜,请勿用硬物磕碰,以免影响演示效果。
(2)投影显示系统的内容请用遥控器选择性操作,不能短时间内反复开关。

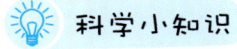
科学小知识

全息影像技术

全息技术是一种全新的光学成像技术，1949年英国科学家丹尼斯·盖伯提出之后，就取得了飞速的发展，目前已广泛应用于科学研究以及工业生产中。

所谓"全息"即全部信息，是指用摄影的方法记录并且再现被拍摄物体发出的光的全部信息，实现真实的三维图像的记录和再现，它的基础和核心是全息照相。一般的三维图像只是在二维的平面上通过构图及色彩明暗变化实现人眼的三维感觉，而全息立体摄影产生的全息图则包含了被记录物体的尺寸、形状、亮度和对比度等信息，能提供"视差"。普通照相是用光学镜头把物体成像在感光胶片上经过冲洗印相得到与物体相似的平面像，它记录的是物体各点的光强分布。全息照相不用镜头成像，它的基本方法是把一束激光用分束器分成两束：一束激光直接照在感光胶片上，称为参考光束；另一束激光照在被摄物体后再反射到胶片上，这束光称为物光。物光与参考光束在胶片上叠加起来，形成干涉图样，这样的胶片经过冲洗后就得到全息照片。全息照相底片并没有物体图像，是一片极细的各种条纹构成的图案，若用原参考光去照射，便可得到原物体的空间再现影像，一般可得到一个虚像和一个实像。

全息影像技术一般要用到激光，这是因为激光的频率单一，显示效果更好。全息影像有两种：一种是单色全息影像；另一种是白光全息影像。单色全息影像只能在相同颜色的激光下来观察。白光全息影像可以在自然光下来观察。全息影像技术主要有以下特点。①三维立体性：三维立体性是指全息照片再现的图像是三维立体的，具有如同观看真实物体一样的立体感。这一性质与现有的用偏振镜观看立体电影有着本质的区别，全息图形象生动，再现的全息图能如实地呈现出物体的三维立体图像，清晰度和逼真度高。②可分割性：可分割性是指全息图上任何局部的点都记录了来自空间每一点的振幅、相位信息。即使全息图记录载体有缺损或部分损伤，也不影响整个图像的再现成像。③信息容量大：全息存储理论上的存储量远大于磁盘和光盘的存储容量。同一张全息感光板还可多次重复曝光记录，并能互不干扰地再现各个不同方向的图像。

5.10 "隔空取电"：无线充电技术

一提到充电，你的第一反应是不是充电器和充电线？近年来多款无线充电器上市，可以做到"隔空"充电，这其中运用到了什么样的原理和技术呢？1899年，物理学家尼古拉·特斯拉在纽约建成无线电能发射塔，并构想了无线输电方法模型。他把地球作为内导体，地球电离层作为外导体，通过放大发射机沿径向发射振荡式电磁波，在地球与电离层之间建立起大约8HZ的低频共振，再利用环绕地球的表面电磁波来传输能量。虽然这一构想在当时没有能够实现，却是百年前科学家对无线输电技术的一次大胆探索。

目前常见的电能无线传输方式有三种，分别是电磁感应式、电磁共振式和无线电波式。其中电磁感应式是目前应用最为广泛的一种方式，不仅充电效率高，而且成本也低。无线充电技术已经被广泛应用于智能手机、智能手表、无线耳机、智能家居设备和电动汽车等领域，为用户提供了更加便捷和舒适的充电体验。随着科学技术的进步和应用场景的不断拓展，无线充电技术将在未来得到更广泛的应用。

科学原理

无线充电技术完全不需要电线，而是利用电磁感应的原理。如图 5.10-1 所示，电磁共振式无线充电技术源于无线电输送技术，利用电磁共振在充电器与接收设备之间的空气传输电能，实现电能高效传输。

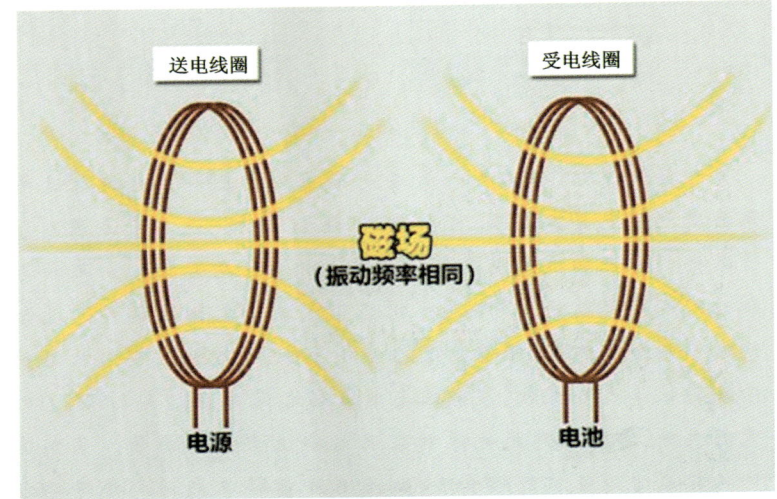

图 5.10-1　电磁共振式无线充电技术物理原理图

利用物理学上的共振原理——两个振动频率相同的金属线圈能实现电能高效传输,其传输过程和物理原理如图 5.10-2 所示。

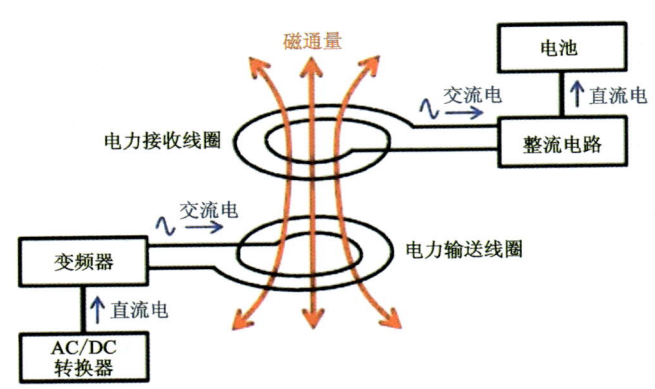

图 5.10-2　电磁共振式无线充电技术电路原理图

实验方法

(1)如图 5.10-3 所示,开启电源开关,缓慢移动导轨上的线圈改变两线圈距离的远近,观察灯泡的亮暗变化情况。

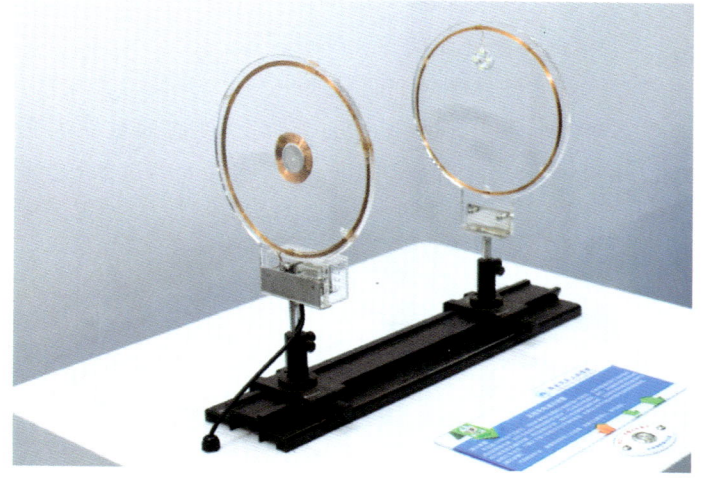

图 5.10-3　无线充电装置

（2）在相同的距离情况下，把线圈平面旋转一定的角度，观察灯泡的亮暗变化情况。

注意事项

（1）导轨上请定期加润滑油，防止生锈。
（2）请注意安全，不要触摸线圈。

科学小知识

电磁感应

1831年，迈克尔·法拉第发现了磁与电之间的相互联系和转化关系。只要穿过闭合电路的磁通量发生变化，闭合电路中就会产生感应电流。这种利用磁

· 151 ·

场产生电流的现象称为电磁感应,产生的电流叫作感应电流,电路中感应电动势的大小,跟穿过这一电路的磁通量的变化率成正比。

产生电磁感应现象的条件有两个而且缺一不可,一是闭合电路,二是穿过闭合电路的磁通量必须发生变化。如图 5.10-4 所示,使磁通量发生变化的方法有两种:一是让闭合电路中的导体在磁场中做切割磁感线的运动;二是让磁场强弱发生变化。

图 5.10-4　两种磁通量发生变化的实现方法

电磁感应现象的发现是物理学中最伟大的成就之一。它不仅揭示了电与磁之间的内在联系,而且为电与磁之间的相互转化奠定了实验基础,为人类获取巨大而廉价的电能开辟了道路。一方面依据电磁感应的原理,人们制造出了发电机,使电能的大规模生产和远距离输送成为可能;另一方面标志着一场重大的工业技术革命的到来,电磁感应在电工电子技术、电气自动化方面的广泛应用,对推动社会生产力和科学技术的进步发挥了巨大的作用。

6 科学探索实验

6.1 大气压的奥秘

地球的周围被厚厚的空气包围着,这些空气被称为大气层。空气可以像水那样自由流动,同时也受到重力的作用。因此空气的内部沿各个方向都有压强,这个压强被称为大气压。1643年,意大利科学家托里拆利在一根长80cm的细玻璃管中注满水银,并使其倒置在盛有水银的水槽中,发现玻璃管中的水银大约下降一定距离后就不再下降了,形成了长4cm的真空环境,如图6.1-1所示。因此,托里拆利推断大气的压强就等于76cm水银柱的长度。

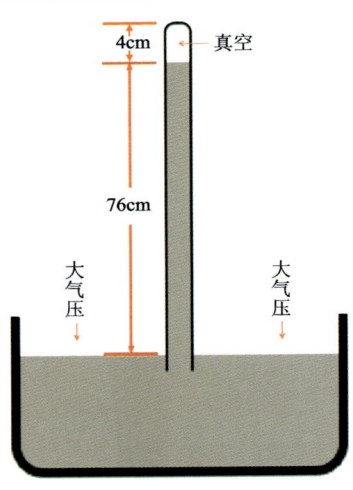

图6.1-1 大气压大小原理示意图

 科学原理

大气压一般简称为气压,是指作用在单位面积上的大气压力,即在数值上等于单位面积上向上延伸到大气上界面的垂直空气柱所受到的重力。一般来说,

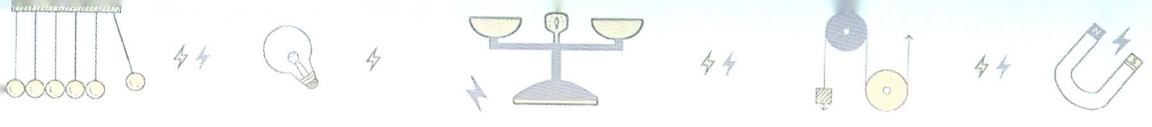

大气压是一种垂直方向上的力,即水平方向的大气压力等于0,大气压的大小随高度、温度、天气的变化而变化。1654年,马德堡市长奥托·冯·圭里卡在罗马的雷根斯堡(今德国雷根斯堡)进行了著名的"马德堡半球"实验,证明了大气压的存在并且数值很大。

人们通常将大气压分为两种:低压和高压。为了比较大气压的大小,科学家对大气压规定了一个标准:在纬度为45°的海平面上,当温度为0℃时,76cm高的水银汞柱(相当于10.336m高的水柱)产生的压强叫做标准大气压,相当于1.01325×10^5帕斯卡(气压的国际制单位是帕斯卡,简称帕,符号是Pa)。

大气作为一种自然现象,受到海拔高度、大气温度、大气密度、太阳辐射、降雨、大气流动等因素的影响,这些因素都会对大气压的变化产生直接或间接的影响。另外,大气压的大小和空气湿度、大气环流和地理位置等因素也有关。一般来说,随着海拔的增加,大气压按指数规律减小,冬季大气压比夏季高,晴天大气压比雨天高。同时,大气压高低还会对人类的健康活动产生影响,低气压对人体生理的影响主要是人体内氧气的供应,低气压下的阴雨天气尤其是夏季雷雨前的高温高湿天气,让人非常难受。在高气压的环境中,肌体组织逐渐被氮饱和后,回到正常气压环境下会引起机体的不适感。

在日常生活中,我们也会经常应用大气压原理提供一些便利,具体例子如下。

(1)吸管喝水:当我们用口吸出吸管上方的一部分空气后,在吸管中形成了一个低压区域,而吸管下方的液体则处于高压区域。此时,大气压会把液体向上推动,使得液体源源不断地被吸入吸管内再被吸入口中。

(2)水泵:水泵的原理是利用水柱的上下压力差来推动水的流动。当我们用力拉动活塞时,筒内的空气被排出,形成一个低压区域,外界的大气压力就会将水推入筒内。当我们用力压下活塞时,筒底的阀门关闭,活塞上的阀门打开,筒内的水就被挤出。

(3)便携式吸尘器:便携式吸尘器是利用大气压差把灰尘、污渍吸入机器内部的收纳装置中。吸尘器内部有一个鼓风机,它会产生高速旋转的气流,吸尘器会通过一个长长的管道,将地面上的灰尘、污渍吸入管道内部。

实验方法

(1)选择一个瓶口大小合适的矿泉水瓶,向瓶中灌满自来水,保证自来水尽可能装满整个瓶子。

（2）右手将乒乓球缓慢轻放至装满自来水的矿泉水瓶口并用力压住。

（3）左手轻轻地握住瓶身，右手压住乒乓球，将整个瓶子翻转180°，再缓缓地把右手拿开，仔细观察乒乓球是否会从瓶口掉落，实验演示如图6.1-2所示。

图 6.1-2　大气压实验演示图

注意事项

（1）矿泉水瓶口大小不宜过大或过小，乒乓球尽量选择表面没有划痕的新球。

（2）注入瓶中的水应尽量能排出瓶中的空气，防止空气间隙干扰实验结果。

（3）倒置矿泉水瓶的动作应该缓慢，防止因动作过快而导致乒乓球掉落。

科学小知识

当矿泉水瓶灌满水时,由于乒乓球堵住瓶口,阻碍了空气的流动,使得瓶内外形成了两种气压环境,即瓶子内存在水压,瓶子外则存在大气压力。将整个装置倒置后,由于乒乓球所受的大气压力大于水对乒乓球的压力及自身所受的重力之和,因此,乒乓球能够稳稳地被吸附在瓶口而不掉落下来。

大气压的奥秘

6.2 滴水不漏的筛子

在我们的日常生活中会有这样一些有趣的科学现象。夏天的清晨,荷叶上会形成一颗颗露珠,即使左右晃动,它们仍然会呈现出圆润的水珠形状。当往一个空杯子里不断地倒水时,杯子里的水装得非常满但又没有溢出时,水面会向外凸出显示圆弧状。挤压洗发水瓶子时,通常会发现瓶口处的液体形成一条细长的水柱,而没有散成一片。在雨后的路面上,有时会出现一些小水坑,这些水坑通常为圆形或椭圆形的轮廓。所有这些现象都与液体的表面张力有关。

科学原理

液体表面张力是指液体表面附近的分子间距离较大时,液体分子间的作用力就表现为吸引力,导致液体表面彼此间相互吸引而呈现出向中心收缩的趋势,就像一个拉紧的橡皮膜。当杯子用窗纱覆盖装满水后,翻转过来杯中的水在大气压和液体表面张力的共同作用下和重力达到平衡状态,不会向下漏出。当瓶身向一侧稍倾斜时,杯口最低点上方的水柱高度差增加,压力增加,大气压和液体表面张力不足以支撑水的重力时,水就很快漏出来了。

我们还可以做一个液体表面张力拓展性的实验:比一比谁能让更多的硬币在水面上漂浮起来?如果在漂浮的硬币间滴一滴洗涤剂,观察一下,又会出现什么现象?

实验方法

(1)实验材料:一个透明玻璃瓶、一块窗纱、一根橡皮筋、一根牙签、一个塑料容器和一块平板玻璃。

(2)将窗纱盖住玻璃瓶瓶口,并用橡皮筋固定,如图6.2-1(a)所示。

(3)窗纱是镂空透水的,透过窗纱向玻璃瓶中倒满水,如图6.2-1(b)所示。

(4)用一块平板玻璃压住玻璃瓶口,然后将瓶子慢慢倒立。等瓶中水面稳定后,将平板玻璃水平缓慢地向一边移开,发现瓶中的水并没有从窗纱孔漏出来,如图6.2-1(c)所示。

(5)将一根牙签从窗纱孔缓慢插进水中,直到牙签进入瓶中并浮在水面,玻璃瓶中的水始终没有漏出来,如图6.2-1(d)所示。

(6)如图6.2-1(e)所示,当把玻璃瓶往一侧稍微倾斜一定的角度时,此时瓶中的水"哗"的一下全漏出来了,这又是为什么呢?

(a)

(b)

(c)

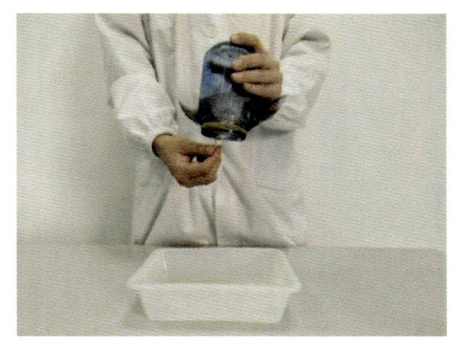

(d)

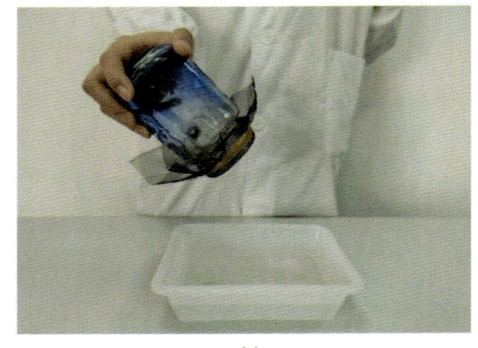

(e)

图 6.2-1 "滴水不漏"演示过程实验图

注意事项

(1)实验过程中,要尽量用口径小一点的玻璃瓶子。
(2)杯中的水量多少是影响本实验成功与否的一个重要因素,需要多次实验不断地调整水量的多少。
(3)等瓶中水面稳定后,缓慢地将玻璃板水平地向一边移开,迅速移开可能导致实验失败。

科学小知识

大部分液体具有内聚性和吸附性,这两者都是液体分子引力的表现形式,内聚性使液体能抵抗向外的拉伸引力,而吸附性则使液体可以黏附在其他物体上面,内聚性就是液体表面张力的具体表现形式。

将一根管径很细的管子直插入液体中,由于与固体接触的液体的表面张力作用,液体会在管内爬升或下降,这就是毛细现象。吸水纸的高吸水性就是这种

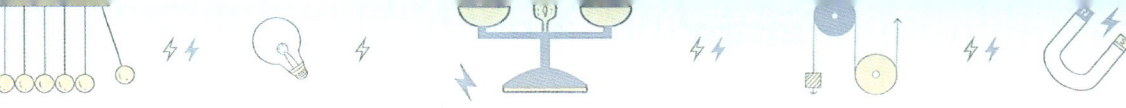

原理,液体的毛细现象也是影响地下水资源分布、石油在多孔介质中如何流动的一种重要因素。

水银温度计不小心掉地上摔破后,掉在地上的水银液滴基本上呈球形分布;河里的水黾能站在水面上自由地滑行;在完全失重的人造卫星中水滴会呈现理想的球形,所有这些都是液体表面张力的表现形式。

滴水不漏的筛子

6.3　以小缚大

自古以来，人类对自然界中的力与运动之间的规律充满了好奇心。从古希腊哲学家阿基米德对杠杆的研究开始，到现代科学家对复杂动力系统的探索，人们一直在努力揭示力和运动背后的科学规律。本实验作为一个融合了重力、摩擦力和转动动力学知识的综合性实验，为我们提供了一个直观而有趣的科学视角来观察和理解力与运动的基本规律在实际操作中的应用。

科学原理

本实验的设计思路来源于日常生活，基本模型是绳子悬挂重物下落和转动物体作圆周运动。通过简单的材料和工具，如棉线、圆形铁片、玻璃瓶和剪刀，就可以构建一个易于操作和观察的重物悬挂系统，以探索力和运动之间的关系。

在实验过程中，我们将观察到重物在重力作用下的直线加速下落，以及轻物在绳子约束力作用下的绕指转动。随着重物的下落和轻物的摆动同时进行，细绳将逐渐缠绕在手指上，形成一个逐渐变化的力与运动系统。这个系统不仅展示了摩擦力的作用，还涉及到能量守恒与转换等基本原理。

当松开轻物一端后，重物由于重力作用开始迅速向下加速下落，同时会带动轻物这一侧的绳子逐渐变短。轻物则在重力和绳子两个约束力的作用下绕着手指做圆周运动。在运动过程中，由于重物的拉力作用，使轻物转动半径逐渐减小，转动速度越来越快，最后会逐渐缠绕在手指上。随着细绳多次地缠绕在手指上，每增加一圈，细绳和手指之间的摩擦力就会增大一些。当摩擦增大到足够大时，绳子拉力开始大于重物的重力，导致重物做减速运动。随着重物运动速度的减小，摩擦力远大于重力，导致重物快速地减速而趋向于静止状态。

实验方法

（1）实验材料：棉线、金属夹子、剪刀和圆形铁片等物品。

（2）剪一段长约 1m 的棉线，一端系住金属夹子，另一端系住圆形铁片。

（3）左手抓住夹子，保持两只手的间距约 60cm，将棉线拉成水平，通过棉线绕在右手手指上，让圆形铁片呈静止自然下垂状态，如图 6.3-1(a)所示。

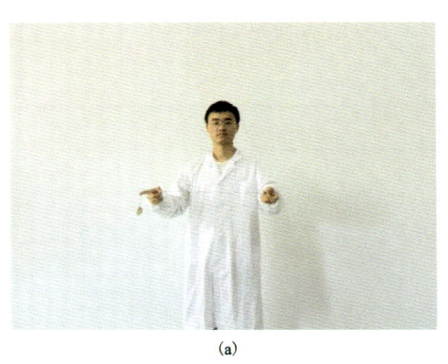
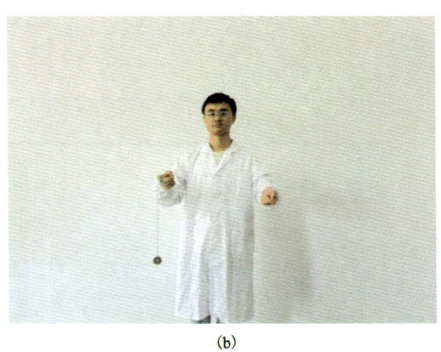

图 6.3-1　以小博大演示实验图

（4）保持棉线水平状态，右手位置不变，左手释放夹子，重的圆形铁片很快就被挂有夹子的细线快速拽住了，如图 6.3-1(b)所示。

（5）改变圆形铁片的个数、棉线的长短和开始位置与水平方向的夹角大小重新进行实验。

注意事项

（1）选择足够结实的棉线和质量适当的圆形铁片，确保棉线能够承受重物的拉力，避免因强度不足而导致细线断裂。

（2）选择一个平稳的桌面进行实验，避免在风大或有干扰的环境下进行实验，减少外部因素对实验结果的影响。

（3）在实验过程中，仔细观察重物的下落和轻物的摆动情况，注意记录细绳缠绕手指的圈数和转动半径的变化。

（4）在实验中可以适度调整重物的质量、棉线的长度和圆形铁片的数量等参数，以观察不同条件下的运动规律。但不要过度增加重物质量或减小棉线的直径，以免导致实验过程中细线被拉断。

科学小知识

物体运动的三种基本方式：平动、转动和振动。

平动指的是物体在运动过程中，其上任意两个点的运动轨迹始终保持平行状态。当然，这种运动可以是直线运动，也可以是曲线运动。在同一时刻，运动物体上各点的速度和加速度都相同。在研究物体的平动时，不用考虑物体的大小和形状，而把它作为质点来处理。火车车厢的运动、汽缸中活塞的运动和刨床上刨刀的运动都是平动。

转动也是机械运动的一种最基本的形式，除转动轴上各点外，其他各点都绕同一转动轴线作半径大小不同的圆周运动，这种运动叫作转动。物体上各点的运动轨迹是以转轴为中心的同心圆。在同一时刻，转动物体上各点的线速度和线加速度不尽相同，离转轴较近的点的线速度和线加速度都较小，但角速度和角加速度都相同。飞轮的运动、电风扇的运动都是转动。

振动是宇宙中普遍存在的一种现象，总体可分为宏观振动（如地震、海啸）和微观振动（微观粒子的热运动、布朗运动）。一些振动拥有比较固定的振幅和频率，一些振动则没有固定的振幅和频率。

以小缚大

6.4 易拉罐平衡术

我们经常在电视上看到杂技演员走钢丝、在钢丝上睡觉或者站立在滚动的物体上长时间保持平衡状态，想必大家都为他们的技艺和才华所折服。网络上也经常有一些玩平衡术的网红大咖，能在啤酒瓶口立起各种物品，如锤子、自行车、煤气罐、缝纫机……生活里那些普通的寻常物件，都能凭借一个支点以不可思议的方式找到平衡态，单点支撑就可以稳稳地立住，甚至认为万物皆可立。

科学原理

每个物体都有一个重心，它是地球对物体中每一微小部分引力的合力作用点。如果物体重心降低，且与支撑处的受力点在一条竖直直线上，物体就容易稳稳地站立。易拉罐倾斜时，底部与桌面会形成两个接触点。如图 6.4-1 所示，空的易拉罐，由于其重心较高，且与着力点不在同一条竖直直线上，很难将其斜立在桌面上。当易拉罐装满水或较多水时，易拉罐本身的重力相对于一整罐水来说几乎可以忽略不计，重心也是处在较高的位置，斜立在桌面上时容易出现翻转的情况。当罐内注入合适的水量时，易拉罐连同水的重心有可能会处在两个接触点之间，重心和接触点连线几乎是处于同一条竖直铅垂线上，此时重心偏低，更容易有机会让其处于平衡状态。

实验方法

（1）在空的易拉罐中倒入适量水，1/3~2/3 罐即可。

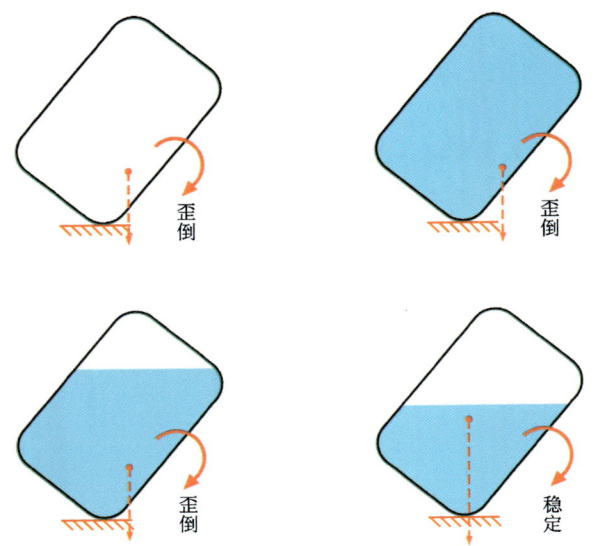

图 6.4-1 易拉罐不同情况下的稳定性示意图

（2）将易拉罐倾斜，以底部侧缘的凹槽部分为支点，轻轻释放易拉罐，易拉罐即可稳稳地侧身立在水平桌面上，如图 6.4-2 所示。

（3）给侧立在桌面上的易拉罐一个沿切线方向的小小推力，易拉罐还可以侧身在桌面上绕中心轴旋转而不倒下。

（4）尝试在日常生活中任意找一个小平面，只要能支撑易拉罐一侧凹槽面即可，小心地将其放上去，看看易拉罐是否依然能侧身站立。

图 6.4-2 易拉罐平衡术演示实验图

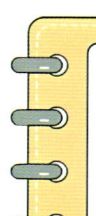 注意事项

(1) 找一个能够防潮或不怕水的桌子或平台进行实验。
(2) 可以在易拉罐内装一定量的沙子或水,探索不同情况下的实验结果。

 科学小知识

通常来说,某个物体的重心越低,当它受到外界扰动时重力产生的力矩就越大,物体就更不容易发生翻转,物体越稳定。当然,这也可以从能量的角度来解释,重心越低,重心离地高度越低,重力势能就越小,一切物体都有让自身势能变低的趋势,所以低重心的物体就更加稳定了。

在日常生活中,我们见到的赛车重心非常低,紧紧地贴住地面,有利于保持高速直线行驶或拐弯时的稳定性。精密的光学仪器为了防止外界各种机械干扰和振动,底座通常都是由厚重的金属材料制成的,以增强设备的稳定性和测量的准确度。

易拉罐平衡术

6.5　平衡一线

重心知识在现代工程技术应用中具有重要的意义。例如，水坝的重心位置关系到坝体在水的压力作用下能否维持平衡状态；飞机的重心位置如果设计不当就不能确保安全稳定地飞行；工程力学中的构件截面重心位置将影响构件在载荷作用下的内应力分布规律，与构件受力后能否安全工作有着紧密的联系。总之，重心与物体的平衡和运动以及构件的内应力分布是密切相关的，那么怎样通过实验的方法快速地找到物体的重心位置呢？

科学原理

用左右双手的食指可以轻松抬起一支铅笔，在手指向中间靠拢的过程中，手指与铅笔之间会产生摩擦力。随着手指向中间逐渐靠拢，发现铅笔一会儿在右手指手上移动，一会儿在左手指上移动，但是绝对不会掉下来。最终，左右两食指会并拢到一起，两手指中间的间隙位置就是铅笔的重心位置。

如图 6.5-1 所示，铅笔会受到重力作用 G、手指与笔的弹力作用 F_{N1}、F_{N2} 和静摩擦力作用 f_1、f_2。以重心 O 为支点，笔杆的力矩平衡方程为 $F_{N1} \times x_1 = F_{N2} \times x_2$，分析可得，当左手指比较靠近重心时（$x_1 < x_2$），笔与手指间向弹力 F_{N1} 较大，静摩擦力 f_1 也比较大，静摩擦力阻止了笔与左端手指间的相对运动，此时笔与手指间的相对移动只发生在右端。由于相对运动，右端手指离笔杆的重心越来越近，直到距离小于左端手指离重心的距离（$x_2 < x_1$），此时笔与右端手指间弹力 F_{N2} 较大，静摩擦力 f_2 也较大，静摩擦力阻止了笔与右端手指间的相对运动，笔与手指间的相对移动又回到左端。如此反复下去，直到两手指最后移动到互相靠拢为止，就能找到笔杆的重心位置。当然，也可以用一张平整的名片纸来完成本实验的相关内容。

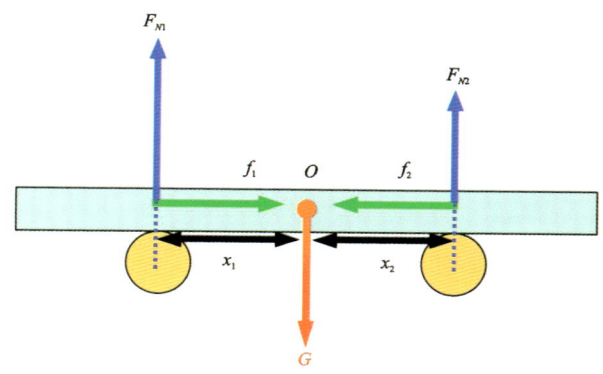

图 6.5-1　铅笔受力分析示意图

实验方法

(1)准备好实验物品：名片纸、硬币和铅笔。

(2)如图 6.5-2 所示，伸出左右手，用两食指支撑住铅笔的左右两端，两手指逐渐向中间慢慢靠近，观察铅笔是否左右移动，是否会从手指上掉落下来。最终，两食指并拢到一起，观察铅笔的状态和所找到的重心位置。

(3)将名片纸对折后放在桌子上面，并将一枚硬币平稳地放在对折折痕处。

(4)手握名片纸两端，慢慢地将其展开，使展开夹角逐渐变大，观察硬币的状态。

(5)当名片纸的侧边缓慢地变成一条直线时，硬币会稳稳当当地停放在名片纸边缘，形成瞬间的动态平衡状态，如图 6.5-3 所示。

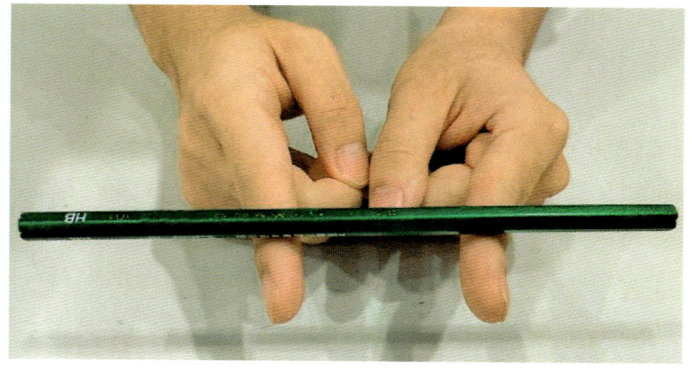

图 6.5-2　寻找铅笔重心位置实验图

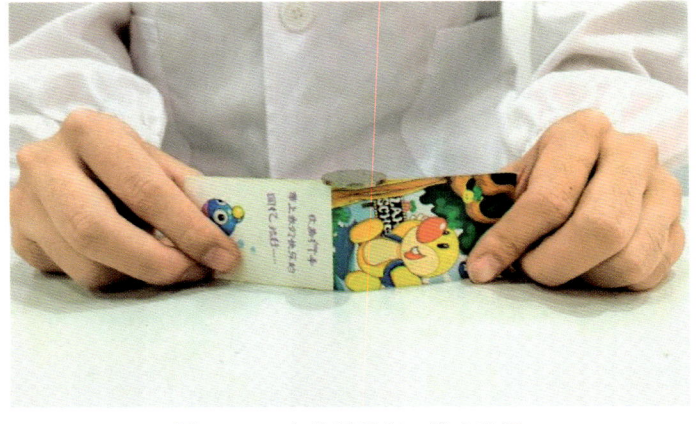

图 6.5-3　名片纸平衡一线实验图

注意事项

（1）尽量选取 1 元面值的硬币或质量较大的钱币。
（2）手指移动或名片展开时动作要缓慢，不能太过于迅速。

科学小知识

从物理学的角度来看，重心的位置和物体的平衡之间有着密切联系，主要表现为：物体的重心在竖直方向上的投影如果落在物体的支撑面内或支撑点上，物体才有可能保持平衡状态；物体的重心位置越低，稳定性越高。

如图 6.5-4 所示，这里介绍一下有趣的不倒翁实验：不论你怎么使劲推，它都不会翻倒下来。甚至你把它横过来放，一松手又会竖直站起来，这是怎么回事呢？

一是因为不倒翁上轻下重，底部有一个较重的铁块，所以重心很低；二是因为不倒翁的底座面积大且光滑，当它向一边倾斜时，它的重心和桌面的接触点不在同一条铅垂线上，重力作用会使它向反方向一侧摆动。例如，当不倒翁向左倒时，重力作用线在接触点的右边，在重力作用下，不倒翁就又向右边倒；当倒向右边时，重力作用线又跑到接触点左边，迫使不倒翁再向左倒。这样不断地倒过来又倒过去，因为摩擦和空气的阻力作用，运动动能逐渐消失。最终重力作用线恰好通过接触点，它不会继续摆动而处于静止状态。

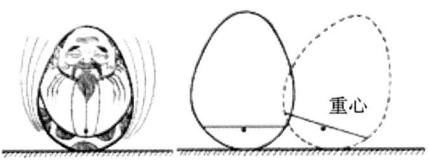

图 6.5-4　不倒翁运动演示实验图

平衡一线

6.6 非牛顿流体

你是否有过这样的体验:在厨房搅拌面粉糊时,能感受到那种与众不同的黏稠且搅拌非常费力?或者在用洗发水洗头发时,头发上有一种非同寻常的顺滑感?这些都是非牛顿流体的奇妙物理特性。

科学原理

简单来说,非牛顿流体就是一种不同于普通液体的物质,不满足牛顿黏性实验定律的流体,即其剪应力与剪切应变率之间不是线性关系的流体。如图 6.6-1 所示,在受到外力作用时,它的黏度会发生变化。当外力较小时,它会像蜂蜜一样流动得很慢;而当外力较大时,它会变得更加黏稠,流动性大大降低。这一奇妙的特性源于非牛顿流体内部复杂的分子结构。

实验方法

（1）实验原料:玉米淀粉、水、量杯和筷子。
（2）在量杯中加入适量的玉米淀粉和水,搅拌均匀。
（3）使用勺子轻轻地搅动其混合物,观察其流动性。
（4）逐渐加大力度搅拌,观察流体的变化:从轻松搅拌到逐渐变稠的过程中,感受用力变化情况。
（5）实验现象:随着搅拌速度的增加,非牛顿流体的黏度发生变化,可流动性逐渐降低。

图 6.6-1 非牛顿流体现象

注意事项

(1) 搅拌时要逐渐加大力度,避免因突然施加过大的外力导致非牛顿流体溅出容器。
(2) 实验结束后,及时清洗量杯和搅拌器,防止残留的淀粉不好清洗。

科学小知识

　　淀粉和水混合后的非牛顿流体现象主要源于分子层面的相互作用和结构变化。淀粉分子是由许多葡萄糖分子组合而成的,而葡萄糖分子中的氧原子会与水分子中的氢原子发生氢键作用,这种分子间的相互作用形成了类似于网状结构的图形,增加了淀粉加水后的黏稠度。当施加外部作用力时,如施加外力或剪切速率改变时,这种基于氢键的结构会发生变化,这就是淀粉加水搅拌后成为非牛顿流体的原因。

如图 6.6-2 所示,在非牛顿流体中,黏度并非固定不变,而是随着剪切力的增大而改变。非牛顿流体的流动性质并非固定的,而是随着施加的外力或剪切速率的改变而发生相应的变化。当受到外力作用时,非牛顿流体的流动性质也会发生变化。当外力较小时,非牛顿流体展现出类似于液体的流动性;而当外力加大时,其流动性逐渐变差,甚至表现出类似固体的行为。

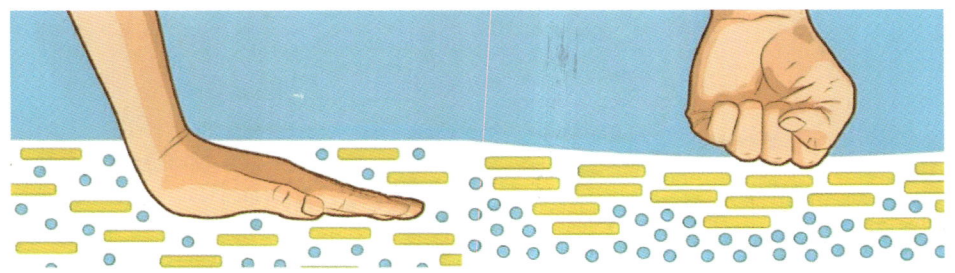

图 6.6-2　非牛顿流体的黏度和流动性变化

总之,淀粉和水的非牛顿流体现象是淀粉分子与水分子间的相互作用、氢键的形成、以及外部作用力对流体的影响共同作用的结果。现实生活中的番茄汁、淀粉液、蛋清、苹果浆、浓糖水、酱油、果酱、土豆浆、熔化的巧克力、面团、米粉团,以及鱼糜、肉糜等各种糜状食品也都属于非牛顿流体。

6.7 吸管"神功"

　　压强知识在我们的日常生活中无处不在、无时不有,它会以各种形式和方式影响着我们的生活。了解和掌握压强的相关知识,可以帮助我们更好地理解压强知识在实际中的应用。如土豆可以被菜刀切成各种形状,但是也可以用一根吸管巧妙地展示压强知识,你会发现,一根脆弱的吸管也会穿透较坚硬的土豆。

科学原理

　　当塑料管从一定高处向下瞬间刺入土豆时,由于速度非常快,刺入过程动量变化较大,根据动量定理 $\Delta P = F\Delta t$,在时间 Δt 极短的情况下,吸管在土豆上形成的冲击力 F 极大。根据压强公式 $P = \dfrac{F}{S}$,在吸管和土豆接触面积 S 很小的情况下,也会形成很大的穿透压强 P。

　　同时,塑料吸管一端被大拇指封住,管内就封住了一定质量的空气。当塑料管插入土豆时,管内封闭气体的体积随着吸管不断的刺入而越来越小,根据理想气体状态方程 $PV = nRT$,在不考虑温度变化的情况下,气体体积减小,空气压强增大,对塑料管壁产生较大的压力,导致塑料吸管的刚性变得越来越强,就像一根坚硬的棍子一样,从而轻而易举地能穿透土豆。

实验方法

　　(1) 如图 6.7-1 所示,准备好实验物品:一个土豆和一根吸管。

图 6.7-1　吸管"神功"实验物品

（2）如图 6.7-2 所示，右手握住土豆的一半，左手握住吸管中间部分，用力将吸管扎向土豆，观察实验结果。

图 6.7-2　吸管穿土豆实验

（3）调整实验方案，如图 6.7-3 所示，用拇指紧紧压在吸管顶端，再次用力扎向土豆，观察实验结果。

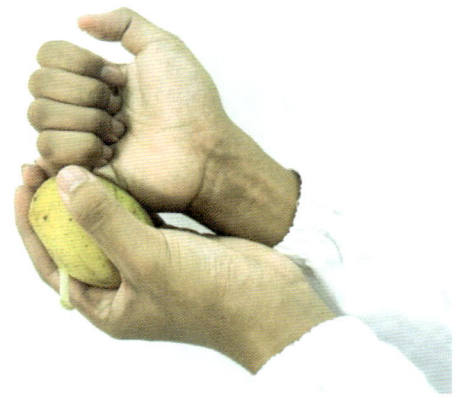

图 6.7-3 封住气体吸管穿土豆实验

注意事项

(1)吸管不能过细和过软,建议选择直径 5~10mm 左右的吸管。
(2)一只手握住土豆的一侧,不能过于靠近中心,防止吸管把手戳伤。

科学小知识

气体中存在大气压强,液体中存在液体压强,它们在本质上都是由重力作用产生的。液体内部沿各个方向都有压强,压强随着深度的增加而增加,在同一深度,液体向各个方向的压强相等。海水深度每增加 10m,海水压力就会增加大约 1 个大气压。如果我们下潜到海平面下 10m 的地方,那里的海水压力就相当于 1 个大气压,再加上大气的压力大小超过了我们人体内部的压力,就会在水下感受到强大压力的存在。在没有任何防护措施的情况下,人类能够下潜到海面以下

30m左右的深度。

地球上海洋最深的地方位于太平洋中的马里亚纳海沟,最大深度超过11 000m,这里的海水压力相当于1100个标准大气压,也相当于1m²的面积上要承受11 363t的压力,在马里亚纳海沟最深处的感觉就像人身体上压着一块1460m³的大铁块。

海洋中的鲸鱼例如抹香鲸可以轻松地下潜到海平面以下2000m甚至能到达3000m的深海中,但是为何不会被海水的压力压扁呢?这是因为它们为了生存,身体经过长期进化后与环境相适应,已经具有深海潜水的能力。鲸鱼在潜水的时候,会将肺部的氧气压缩到血液中,同时肺部会收缩得很小,通过增加体内的压强来实现体内外的压力平衡,这样鲸鱼就不会被压扁了。

吸管"神功"

6.8 人造烟圈

日常生活中,我们偶尔会看到烟圈现象,你知道烟圈是怎么形成的吗?烟圈是一个最常见的涡形,它本质上是环状的空气涡流将烟雾粒子限制在一个环状区域内而形成的特殊现象。例如,海洋馆里的海豚喜欢吐圈圈,它当然吐不出烟圈,但是它们可以吐出空气圈,在空气摩擦力的作用下这个圆圈会不断地向前运动,这种现象在流体力学中被广泛应用和研究,这个圈被称为涡环。其实,原子弹和氢弹爆炸后形成的蘑菇云也是一个巨大的、不断上升运动的涡环。

科学原理

1. 烟雾粒子团变成烟圈的原因

当烟雾粒子(空气-颗粒混合物)随着空气快速通过一个圆孔时,由于圆孔出口周边的空气是静止的,因此从圆孔中快速流出的烟雾粒子在出口处会带动周边的静止空气,形成一个从外向内不断旋转的涡环如图 6.8-1 所示。当然也可以理解为伯努利原理——流动的流体压强低,周边压强高的静止空气补充到压强低的区域,由此形成涡环。涡环分布在圆孔开口周边并不断向前方运动,这使得处在其环形区域内的烟雾粒子不能快速地扩散到周围空气中,即烟雾粒子被涡环所束缚,便形成了我们所看到的烟圈(图 6.8-2)。在气流的推动下,烟圈会慢慢向前运动,但空气阻力会削弱涡环内外压力差,使得烟圈中的烟雾粒子运动速度下降,涡环的束缚能力减弱,最终烟圈会被风吹散或者逐渐扩散,直至消失在空气中。

图 6.8-1　涡环

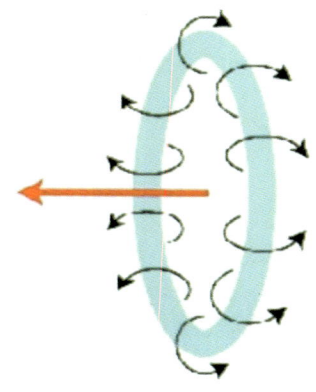

图 6.8-2　烟圈示意图

(红色箭头表示烟圈的实际运动方向,黑色箭头表示烟雾粒子的运动旋转方向)

2. 烟圈中空的原因

仔细观察发现,每个烟圈都在迅速作滚翻运动,且烟圈并非实心的,而是中空的。其形成原因可以解释为:当用手拍打纸箱时,箱内的部分烟雾粒子(空气-颗粒混合物)会迅速压缩成一个圆团状气体,从纸箱开口处喷射而出。当该团状的压缩气体从纸箱开口处喷射出来后体积会迅速扩大,成为一个横截面积比纸箱开口处大的扁片状的团状气体,处在扁片中心部分的烟雾粒子流速快,其具有的动能比处在扁片周边的烟雾粒子大,因此有足够的能量去排挤处在它前方的空气分子并可以持续向前运动,但由于前方空气分子的阻挡,处在扁片中心的烟雾粒子只能从扁片中心沿着本体向四周运动。在此过程中，处在该扁片状的团状气体中心的烟雾粒子一部分扩散到空气中，形成了空气分子，另一部分运动到烟圈边缘后又回到扁片气团中心，在后方烟雾粒子的推力作用下，再从中心向前运动，完成了在空中的循环运动，从而形成了中空的烟圈（图 6.8-3）。

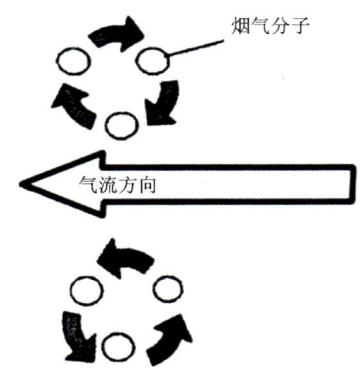

图 6.8-3　中空烟圈的形成过程示意图

3.烟圈形状与纸箱开口形状的关系

为探究纸箱开口的形状对烟圈形状的影响，可以用同一个纸箱进行不同条件下的实验。先在纸箱的一个侧面开一个比较大的孔，然后用若干同一材质、相同面积的薄纸片做成开口面积相同但开口形状不同的开口纸片，如圆形、长方形、正方形和三角形，来完成实验内容。实验后发现，最容易形成烟圈的开口形状为圆形，其次按照由易到难的程度分别为正方形、正三角形、长方形，纸箱吐出来的烟雾大多数是中空的圆形烟圈。如果不是圆形烟圈，也会因其结构不稳定而在短时间内便会立即破裂。另外，条状或者缝状的开口很难形成烟圈。

实验方法

（1）选择几个体积合适、不同大小的新纸箱（保证纸箱的气密性和弹性良好），用透明胶带将纸箱角落密封好。

（2）用尖头剪刀在空纸箱的某一侧面中间部位开一个直径约为 3cm 的小圆孔。

(3)手持点燃的蚊香,从纸箱开口处伸进去,等纸箱内部充满烟雾时,用手拍打纸箱的侧面,会观察到一个接一个的小烟圈从纸箱开口处喷射出来,如图6.8-4所示。

(4)点燃一根蜡烛,将纸箱开口处对准烛焰,发射烟圈炮弹,即可将蜡烛吹灭。调整蜡烛与纸箱开口处的距离,比比看看谁的"炮弹"能发射得更远更准。

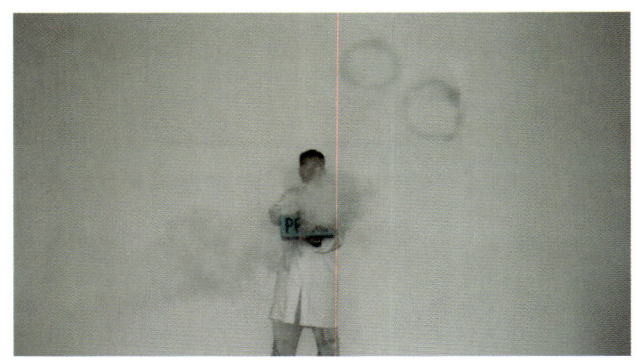

图6.8-4 烟圈演示实验

注意事项

(1)纸箱的体积应该适中,便于收集到足够的烟雾。

(2)拍打纸箱的力度不应该过大,以免损坏实验器材。

(3)烟雾来源尽量选择生活中常见的物品,如蚊香、香烟等,不能使用燃烧过程中易产生有毒气体的物质作为烟雾来源,同时注意用火安全。

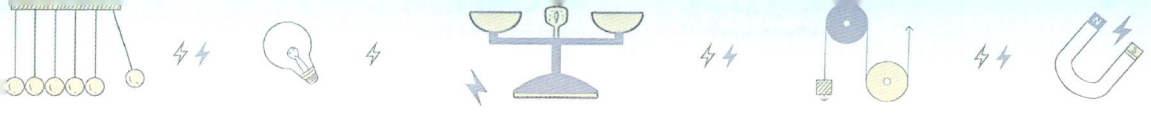

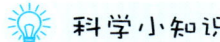 **科学小知识**

现实生活中烟圈现象很普遍,例如火山喷发时会产生烟圈,吸入燃烧的烟草后通过口腔也可以吐出烟圈。烟圈的外观可能会受到多种因素的影响,如气流、湿度、气温和外界环境等。纸箱吐烟圈的本质实际上是释放压缩气体,使得高压气体瞬间从某一开口冲出来,从而会产生一系列有趣的科学现象。在现实生活中,有许多利用这一科学原理制成的工具,如消防警察使用的抛投器,其工作原理为向密闭的气枪里打入空气,当压力积累到一定程度后,迅速开启出口让气流迅速喷出,利用空气动能将带有绳索的铁钩抛到较高的建筑物上。

人造烟圈

6.9 浓烟瀑布

浓烟瀑布实验模拟了自然环境中一些特殊场景下的科学现象,如发生森林火灾的情况下,浓烟如何在大气中扩散或沉降的运动过程。本实验通过点燃纸张,释放出的浓烟形成了一道道仿佛是瀑布般的奇特景象,让人直观地感受到浓烟在大气中的扩散路径和速度,展示了浓烟对环境的污染和对人体健康的危害,向人们表达了保护自然环境和生态平衡的重要性。在现实生活中,森林火灾、工业排放等都会导致浓烟的产生,对空气质量和生态环境都会造成严重的影响,我们应该采取相应措施减少这些情况的出现。

科学原理

浓烟瀑布实验,听起来可能有些陌生,但原理却比较简单,它其实是一个直观展示浓烟在大气中如何扩散和沉降的模拟实验。这个实验用到了烟雾产生模拟器,当点燃模拟器后,里面的纸张开始燃烧,会产生大量的烟雾,这些烟雾由许许多多的微小颗粒组成,它们在空气中飘浮着。

你可能会问,为什么烟雾会像瀑布一样流下来呢？不完全燃烧产生的烟雾密度会大于空气,在密闭的空间中会慢慢地沉降,就形成浓烟瀑布的奇妙现象。如同你在家里烧水时,水壶上方出现的白汽也会在空气中沉降,最终会消散在空气中。

实验方法

(1)实验材料:打火机、普通纸张、镊子、烧杯(或其他透明的玻璃或塑料容器)和双面胶。

(2)将纸张的一条边粘上双面胶,撕下双面胶,把纸张卷成纸筒,确保纸筒的形状稳定饱满。

(3)用镊子把纸筒夹住,使其一端以一定的角度靠在烧杯内壁,确保纸筒与烧杯壁紧密接触。

(4)点燃纸筒的上端。这一步需要在成年人的帮助下完成,并确保孩子们远离火源,避免烫伤。

(5)仔细观察纸筒底部,会发现烟雾像瀑布一样慢慢地"流"下来了,它会沿着烧杯壁向下流动,形成类似瀑布一样的效果,如图 6.9-1 所示。

(6)实验结束后,小心地将纸筒用水浇灭,并妥善处理实验材料。

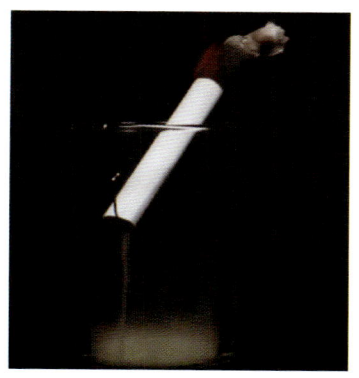

图 6.9-1　浓烟瀑布演示实验

注意事项

(1)实验场所必须远离易燃物品,如家具、窗帘、纸张等,以防火灾发生。

(2)使用火柴或打火机时,确保火源不会失控或烫伤自己。

(3)实验时应穿长衣长裤,避免皮肤直接接触到火源或热烟雾。

(4)确保使用的纸张、烧杯等材料都是安全的,燃烧或温度升高后不会产生有毒的物质。

(5)实验者在进行实验时应避免吸入烟雾。

科学小知识

热空气与冷空气的密度差异：在浓烟瀑布实验中，烟雾是燃烧产生的热空气和微小颗粒组成的，但是，由于烟雾中的颗粒比空气重，渐渐向下运动时温度也会逐渐降低，沉降时形成瀑布状的视觉效果。

对流现象：实验中的烟雾流动形象地展示了大气中的对流现象，热空气上升，冷空气下沉，这种垂直运动导致空气的不断混合和热量的不断传递。

颗粒物的沉降：烟雾中的微小颗粒物都会受到重力的作用向下沉降。这种沉降速度取决于颗粒的大小和密度，较大的颗粒沉降速度非常快，较小的颗粒可能在大气中悬浮很长时间。

视觉错觉：虽然实验中的烟雾看起来像是瀑布一样流动，但实际上它们是由于烟雾颗粒的密度差异和重力作用形成的，这是自然界中常见的视觉错觉，即我们的大脑有时会以另一种形象的方式来解释所观察到的实验现象。

浓烟瀑布

6.10 刷子奔走

刷子奔走是一个极具创新性和趣味性的科学实验,它将物理学、机械动力学及生物学等多学科知识相结合,通过对自然界中机械运动规律的研究,尝试模拟并设计出一种类似于生物的行走方式。本实验为我们揭示了机械运动的科学奥秘,还为我们提供了一个探索仿生学应用的科学技术新视角。

科学原理

毛刷的运动是由马达的转动所推动的。马达的转轴通过笔芯将动力传递给毛刷,使其产生摆动,毛刷的摆动幅度和速度取决于马达的转速和所传递的力量大小。

本实验涉及的科学原理是弹性形变,弹性形变是指固体受外力作用而使各点间相对位置发生了改变,当外力撤销后固体又能恢复原状的形变,这个过程称为弹性形变。接通电源后,毛刷在马达带动下振动,当刷毛直立时,假设每一根刷毛都是垂直地面,没有倾斜,则刷毛发生形变的方向在竖直方向,恢复形变也在竖直方向,毛刷只会在原地上下跳动。实际上,由于每根刷毛并不都是上下垂直的,部分刷毛是倾斜的,而且倾斜方向不一致,因此会形成垂直于地面的分力(刷毛作用于地面的弹力)。每根刷毛的水平分力总和很难刚好达成平衡,必然有某一方向的分力较大,因此会造成毛刷的旋转运动。至于哪一个方向的分力较大,是很难预测的,因为刷毛太多。所以奔走毛刷有时会逆时针旋转,有时又会顺时针旋转。

当毛刷的刷毛倾斜方向一致时,则大多数刷毛作用于沿着地面方向的分力方向一致,因此让毛刷往前运动。如图 6.10-1 所示,刷毛对于地面的作用力为 F,此作用力可分解为往上的分力 F_2 以及向前的分力 F_1。F_2 的作用效果是使毛刷向上弹跳,而 F_1 是使毛刷向前(或向右运动)的动力。

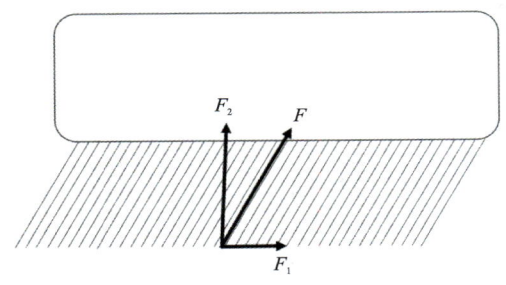

图 6.10-1　刷子奔走示意图

实验方法

(1)将废弃的圆珠笔芯剪下约 3 cm 长的一段,弯曲之后套进小马达前端的旋转轴上。

(2)将小马达装上电池组,再用双面胶分别将电池组和小马达贴在毛刷上面,再用橡皮筋缠绕固定好,整体结构如图 6.10-2 所示。

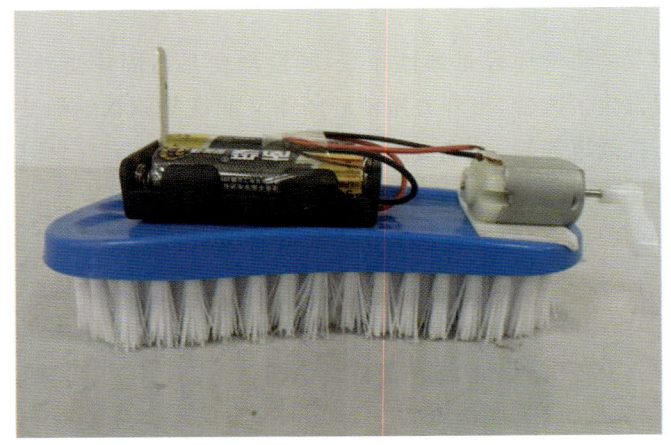

图 6.10-2　刷子奔走实验装置

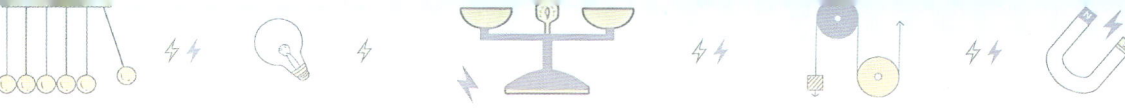

（3）打开电池组开关，马达开始转动后就可以观察到毛刷产生振动的情况。把它放在地板上，毛刷开始运动，但只会原地打转，不会向前运动。

（4）调整刷毛的方向，用手将毛刷的刷毛向同一方向压紧一定时间，松开手后所有刷毛都能始终同地面保持一定的倾斜角度。再次打开开关，将毛刷放在地上，立即就会向前奔走。

（5）可以尝试用不同类型的刷子来观察实验效果和运动情况。例如，可以使用质地较硬的刷毛刷子，或者尝试使用不同形状和大小的刷子，观察刷子的摆动幅度、速度和运动轨迹等情况。还可以使用不同材质的刷子，如塑料刷子、橡胶刷子或毛发刷子等，研究不同材质可能对实验产生的影响。

注意事项

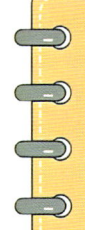

（1）在实验过程中，要确保电池电量充足，以保证马达的正常运转。
（2）毛刷上的电机和电池要固定牢固，以免在运动过程中掉落。
（3）转轴与固定装置之间的摩擦力大小会影响马达传递给毛刷的动力大小，应该适当添加润滑油。

科学小知识

通过能量传递的形式，电动机可以实现各种形式的机械运动，以达到各自不同的目的。许多电子玩具，特别是遥控车、机器人或无人机，可以通过电动机将电池中的化学能转换为机械能，使玩具产生各种形式运动。遥控模型飞机和轮船通常使用电动机作为动力源，这些电动机通常与电池和控制系统一起工作，以实现精确的运动速度和方向控制。一些精密仪器和机器人手臂也使用电动机来驱使它们运动，这些电动机通常具有高精度和高扭矩的特性，以确保设备运动的准确性和稳定性。

刷子奔走

189

6.11 马格努斯滑翔机

小时候大家一定都玩过纸飞机的游戏,纸飞机可以折成各种各样的样式,发射前对着其哈一口气,比比谁的飞机飞得更远更平稳。如果物体在空气中旋转飞行时,周围的空气中会产生小小的漩涡,相当于把气流"掰弯"了,气流也会给物体一个特殊的反作用力,这个原理叫马格努斯效应,又称空气动力学效应,它是流体动力学中的一种物理现象。在现实生活中,我们可以观察到很多利用马格努斯效应的实例,如飞机的机翼设计、风力发电机叶片等。

科学原理

假如一个圆柱体平稳地在空气中向前飞行,那么气流会平稳地从它上下流过,对它只产生空气阻力作用,如图 6.11-1 所示。如果这个圆柱体在向前飞行的同时还能够旋转,说明它的下表面运动方向与气流方向相反,而上表面运动方向与气流方向相同,会造成圆柱体下表面空气流速小,上表面空气流速大。根据空气动力学的伯努利规律,流速大的上方空气压强小,上下压力差就会形成向上的托举力,空气就会产生向上的托举力,有向上运动的趋势。

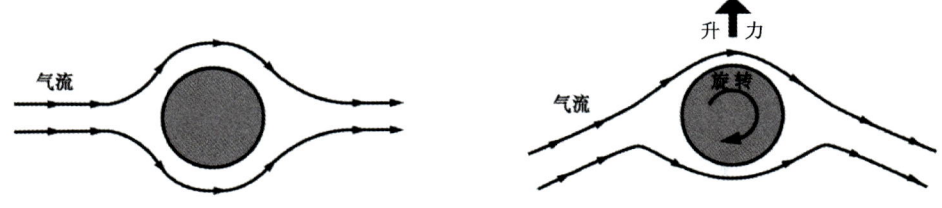

a.静止的圆柱体　　　　　　　　　　b.旋转的圆柱体

图 6.11-1　圆柱体在不同运动情况下的受力示意图

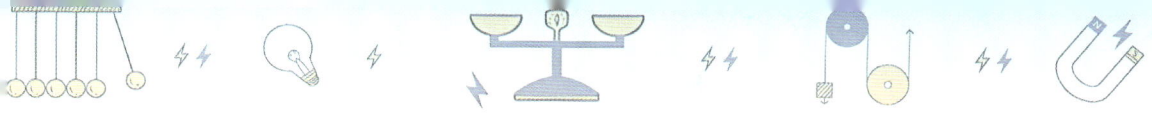

注意事项

(1) 确保实验环境远离易燃物品,因为磁铁和某些材料之间的相互作用可能会产生热量,避免接触到电子设备,它们可能会相互干扰。
(2) 选择质量好的磁铁和中性笔,磁铁应该有足够大的磁力,而中性笔则应该足够轻,这样更容易达到平衡状态。
(3) 在实验之前,需要花一些时间来调整磁铁的位置和中性笔的平衡态。
(4) 悬浮状态是非常敏感的,任何微小的扰动都可能导致平衡破坏,使中性笔倒下。因此在进行实验时需要格外小心,确保中性笔的稳定悬浮。

科学小知识

磁力与重力:磁力是一种由磁场产生的力,而重力则是地球对物体的吸引力,通过巧妙地使用磁力和重力作用达到平衡并悬浮起来。

重心与平衡点:中性笔能够悬浮的关键在于找到它的重心位置和平衡点,重心是中性笔重力作用的集中点,而平衡点则是中性笔在悬浮时受到的磁力与重力相互平衡的点。通过调整磁铁的位置和中性笔的角度,使中性笔达到平衡状态。

磁场与磁极:每个磁铁能够形成磁场和具有两个磁极,磁场的强度和方向可以通过磁力线来表示。本实验中使用多个磁铁来形成一个磁场区,通过调整磁极的合理排列,可以控制中性笔在磁场中的位置和稳定性。

受力平衡：要使中性笔悬浮，必须满足受力平衡条件，这意味着中性笔受到的所有力的合力必须为零。

悬浮的中性笔

6.13 以小胜大

在食物链的丛林法则里,流传着这样一句话,"大鱼吃小鱼,小鱼吃虾米,虾米吃淤泥。"在商业活动领域,小公司由于规模和实力原因容易被大公司收购也是时常发生的事情。在古今中外战争史上,以弱胜强、以少胜多的战例也是时有出现,其背后的原因令人唏嘘感慨。但是在自然科学领域中,也会出现利用科学规律而呈现的以小胜大的经典实验现象。

科学原理

橡胶气球具有一定的弹性,这种弹性用物理的语言来说是存在"表面张力",这种性质与液体表面的表面张力是相同的,表面张力的大小可以用表面张力系数 σ 表示。通过数学推理可以得知,一个气球内部气体的压强 p 与表面张力系数 σ 以及气球的半径 R 之间的关系为 $p = \dfrac{2\sigma}{R}$。从式中可以看出,气球内部气体压强 p 和气球的半径 R 成反比,这也是为什么我们在吹气球的时候,刚开始感觉比较费力,反而是把气球吹大了以后,继续吹会感觉很轻松。

在本实验中,气球的半径越小,气球内气体的压强越大。所以小气球中的气体因为压强更大,气体会跑到大气球中。因此我们可以看到在松开手后,小气球会变瘪,大气球反而会变得更大。

实验方法

(1)取两个材质和大小一样的气球,分别用嘴巴吹进气体,一个吹大一点,另一个吹小一点。

(2)1人用手迅速捏紧两个已经吹好的气球口颈部,不要让其漏气,另1人将两气球口分别套在1根吸管的两端并用胶带扎紧,一定要注意避免气球漏气。

(3)松开手以后,小气球会变瘪一些,大气球反而会变得更大一些,气流成功地从小气球流向了大气球,真正地实现了"以小胜大"的效果,效果如图 6.13-1 所示。

图 6.13-1 "以小胜大"演示实验

注意事项

(1)在吹气球的时候,不要过度吹气,防止气球爆炸,同时要保证两气球体积大小有明显的差异。

(2)当用吸管将两气球连接的时候,需用胶带将气球口和吸管黏紧,防止气球漏气影响实验结果。

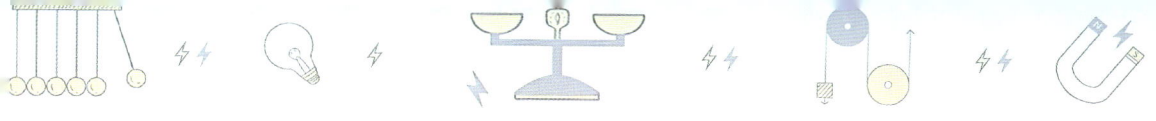

科学小知识

本实验中出现"小球胜大球"这种科学现象的原因和大气压有关,大气压来源于看不见、摸不着的空间气体。气体是一种物质状态,具有占据空间、可被压缩、能够自由流动等特性。当气体被吹入气球中时,气球内的气体分子会与气球壁不断发生碰撞,产生气体张力。随着气体分子数量的增加,气球内的张力也会逐渐增大,导致气球会逐渐鼓起来。

气球之所以能够鼓起来,还与气球的弹力有关,弹力是由于气球材料本身的弹性而具有向内收缩的力。当气体分子数量增加,气球内的压力增大,张力也随之变大。当张力超过气球的弹力时,气球就会发生形变而鼓起来。

以小胜大

6.14 静电浮力

静电浮力是利用带电材料在电场中受到的静电力，使它能够克服重力从而达到飘浮状态的技术，该方法能使轻小物体处于一种与周围无任何接触的飘浮状态。静电浮力并不是一种普遍存在的自然现象，它只在特定的条件下才会产生。同时，静电浮力的大小也受到多种因素的影响，如物体的带电量、周围介质的性质等，相比于电磁悬浮、气悬浮等非接触式实验方法，静电悬浮在真空环境下也能悬浮。

科学原理

静电力实际上属于电磁力的一种表现形式，是自然界的四种基本力之一，它包括了电场力和磁场力。静电力是指电荷之间的相互作用力，它是由静止的电荷产生的电场引起的，是电场力的一种具体体现。当电荷存在于空间中时，它会产生电场，其他电荷会通过电场受到静电力的作用。静电力的大小与电荷量的大小成正比，与它们之间的距离的平方成反比，力的方向沿着电荷的连线方向，这也是库仑定律描述的基本内容。

因为塑料棒和塑料圆圈分别与毛皮摩擦后都会带上负电荷。同种电荷互相排斥，塑料棒给塑料圆圈的排斥力使塑料圆圈能够飘浮在空中。这种静电排斥力大小与塑料棒和塑料圆圈的电荷量以及它们之间的距离有关。当塑料棒和塑料圆圈的电荷量增加时，静电力会增加；当它们之间的距离减小时，静电力也会增加。因此，通过控制塑料棒和塑料圆圈的电荷量以及两者之间的距离，就可以控制静电斥力的大小，从而使塑料圆圈在塑料棒上方呈现一种飘浮状态。

实验方法

(1)把保鲜袋剪下若干个宽度 1cm 左右的塑料圆圈,如图 6.14-1 所示。

图 6.14-1　塑料圆圈

(2)用毛皮衣领分别在塑料圆圈和塑料棒上朝一个方向摩擦一段时间,方法如图 6.14-2 所示。

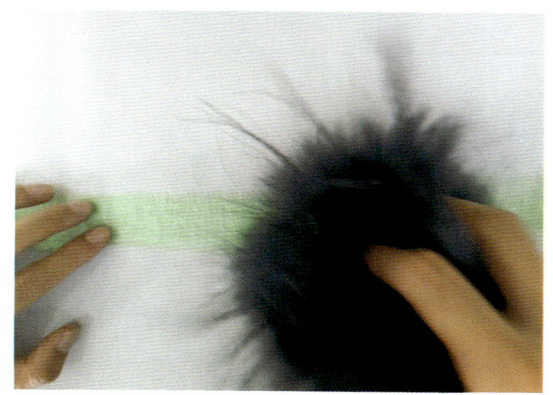

图 6.14-2　毛皮衣领摩擦塑料圆圈

(3)将塑料圆圈打开后抛向空中,让其自由散开,它会在重力的作用下徐徐下落。

(4)将塑料棒伸入塑料圆圈下方的空间位置,塑料圆圈不再下落而是飘浮在空中。塑料圆圈飘到哪里,塑料棒就移动到其位置的下方,能够让塑料圆圈始终飘浮在空中不掉落下来,如图 6.14-3 所示。

图 6.14-3　毛皮衣领摩擦塑料棒

(5)塑料圆圈还可以换成其他材料、颜色、形状的轻小物体,只要它足够轻,就能实现完美的飘浮状态。

注意事项

(1)进行本实验时,尽量选择晴朗干燥的天气,双手戴上塑料橡胶手套。

(2)塑料圆圈不要离人体太近,防止被吸附到自己的衣物上去。

(3)塑料圆圈不能提起来之后才向上抛,而是从桌子上直接往上方抛,接着用塑料棒来靠近它。

科学小知识

静电技术在现代科学技术上有很多应用。静电纺丝是一种特殊的纤维制造工艺,聚合物溶液在强静电力作用下喷射纺丝,喷射针头处的液滴会由球形变成

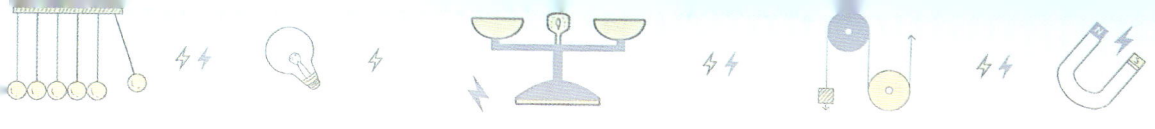

圆锥形，从圆锥尖端处不断延展形成纤维细丝，用这种方式可以生产出不同直径的高强度聚合物纳米纤维。静电喷涂是利用电晕放电原理使雾化涂料在高压电场作用下带上负电荷，吸附于正电荷基底表面后释放电荷的涂装方法，具有施工环境好、喷涂效率高的优点。

  静电当然也会给人类带来很多危害，因此必须正确科学地预防静电。航天飞行器在飞行中与大气中的各种尘粒摩擦，在其外表面会积累大量静电荷，长时间可能会因静电屏蔽使其失去与外界的通信与联系，成为高速运动的"聋子"和"哑巴"。所以，飞行器上必须配备静电释放器，及时将静电荷释放到空气中，确保飞行器的飞行安全。

静电浮力

6.15 电磁翘板

电动汽车、电风扇、工厂里龙门架上的大型电磁铁，还有磁悬浮列车等，都是常见的电生磁科学原理的具体应用。电生磁现象好像是看不见摸不着的，但在我们的日常生活中又无处不在，这些现象都充分地展示了电和磁之间能量相互转化的科学规律。为什么电能转化为磁力作用呢？这里用电磁翘板小实验，为你揭开电生磁的科学奥秘。

科学原理

电生磁听起来很神秘，其实它产生的磁效果就像我们玩的小磁铁一样，只是这个"磁"是由通过电流产生的。我们做一个小实验：拿一根导线，两端短时间地接通电池的正负极，放在导线附件的小磁针就会发生偏转现象，这就是电生磁的磁力作用表现结果。如图 6.15-1 所示，当然还可以改变一下实验条件，把电线绕成一个环形线圈，然后给线圈两端加上电压，电流就会在线圈里流动。这时的环形线圈就是一个人造磁铁，能够吸引或排斥其他铁制品、天然磁铁。

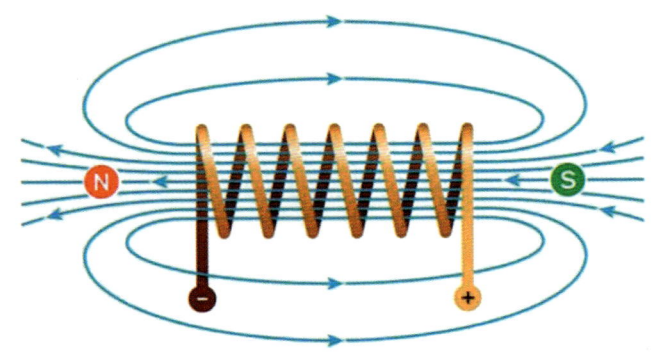

图 6.15-1　电生磁原理示意图

实验方法

(1)准备材料:两节 5 号干电池、漆包线、两个天然磁铁、一个开关、一块木板、导线若干。

(2)器材连接:将漆包线绕成一个大约 30 匝的环形线圈,然后把电池、开关和线圈串联后固定在木板上,再用胶水把天然磁铁固定在木板上的小槽子里,装置结构如图 6.15-2 所示。

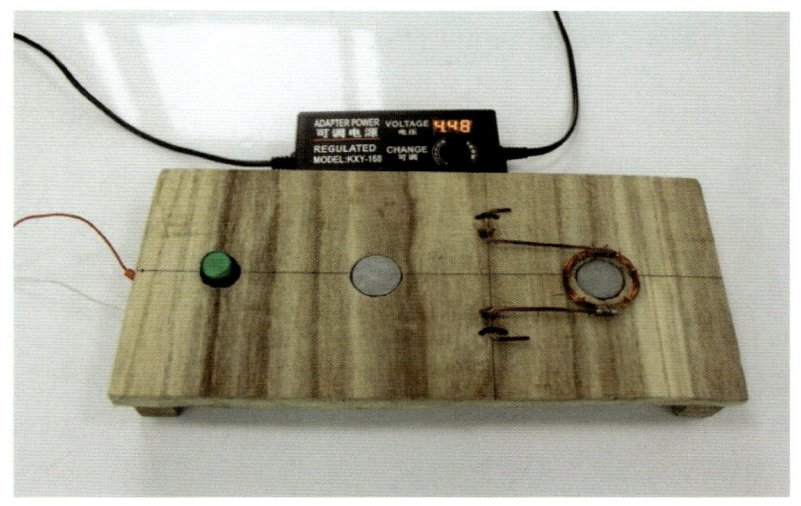

图 6.15-2　电生磁实验装置

(3)按下开关使线圈通上瞬间电流,此时线圈就会成为一个人造电磁铁,人造电磁铁和天然磁铁存在瞬时的排斥力作用,线圈就会立即被弹开,翻转 180°,通俗解释就是"同名磁极相互排斥"。当线圈被弹到另一个天然磁铁上时,再次按下开关使线圈通上瞬间电流,线圈就会再次被快速弹开翻转 180°回到起始位置。如此重复以上步骤,线圈就像一个翘板一样被弹来弹去,左右翻转,我们把它称为"电磁翘板"。

注意事项

(1) 天然磁铁最好是几块叠加在一起,否则会因磁力太弱而导致实验现象不明显。

(2) 通电线圈匝数适中,匝数太少可能会导致磁力推不动线圈的现象。

(3) 必须给线圈通以瞬间电流,否则会因电路中通电时间过长烧毁元件。

科学小知识

电磁翘板通电线圈所产生的磁力效果主要与以下因素有关。

电流大小:电流是产生磁场的原动力,电流越大,磁场越强。因此,改变通过线圈中的电流大小,可以改变磁力大小。

电流方向:电流方向严格控制着通电线圈和天然磁铁之间的作用力方向,当然有可能是引力,也有可能是斥力,要想改变受力方向,只需要将电流方向改变即可,相当于调换电磁铁的 N 极和 S 极。

线圈匝数:通电线圈的匝数会影响线圈的电感和电阻大小,从而影响电磁铁所产生的磁力大小,通常增加线圈匝数可以增加磁力。

铁芯材料和尺寸:铁芯是电磁铁磁路的重要组成部分,其材料和大小会影响磁路的性质。一般来说,使用磁导率更高的材料或增大铁芯的尺寸可以增加磁力。

环境温度:温度对电磁铁的磁力影响非常大。当温度升高时,铁芯的磁导率可能会降低,磁力减弱。

电磁翘板

6.16 磁力炮弹

电磁炮弹是一种利用电磁力加速的武器发射系统,与传统大炮将火药燃气压力作用于弹丸不同,它是通过在炮管内部设置一组互相对称的电磁线圈,通电产生强磁场,利用电磁场产生的安培力来对金属炮弹进行加速,使其达到打击目标所需的动能。在相同的炮管长度下,电磁炮能够获得更大的初速度和射程。因此,电磁炮被广泛应用于军事领域,是一种威力巨大的远程打击武器。根据弹性碰撞的原理,此实验介绍一个迷你版的小型磁力炮弹装置。

科学原理

碰撞是日常生活和生产活动中最常见的一种现象,两个或几个物体发生碰撞后,速度都会发生变化,这种物体间相互作用的过程叫作碰撞。按照系统的能量损失情况看,可以分为完全弹性碰撞、非弹性碰撞和完全非弹性碰撞。小钢球固定在光滑的槽型轨道里,它们之间的碰撞可以近似地认为是完全弹性碰撞。小钢球经过磁力吸引作用会获得较大的动能。相同质量的小球经过了弹性碰撞后可以实现速度传递,再进行下一次弹性碰撞,能实现更大的速度传递,像接力赛一样不断地加速,可以连续地把能量传递给下一个小钢球,最后发射出去的小钢球运动速度非常大。

实验方法

(1) 如图 6.16-1(a) 所示,将 4 颗磁铁分为两组,用强力胶固定在 U 型槽内,让每组磁铁吸附 2 个钢球。

（2）开始实验时，在发射端将钢球轻轻向前拨动一下，钢球被第一组磁铁吸引而加速向前运动，与第一组磁铁碰撞完成后而立刻停止运动。随即第一组磁铁最前端那颗钢球被弹出，向第二组磁铁方向加速运动，撞击第二组磁铁后而又立刻停止运动。如图 6.16-1(b)所示，第二组磁铁最前端的那颗钢球就会被弹出，将以更大的速度被发射出去，两次加速形成了速度很大的磁力炮弹。

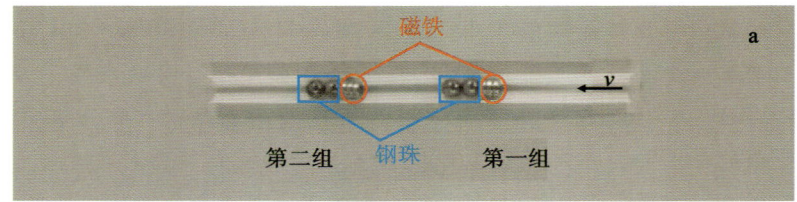

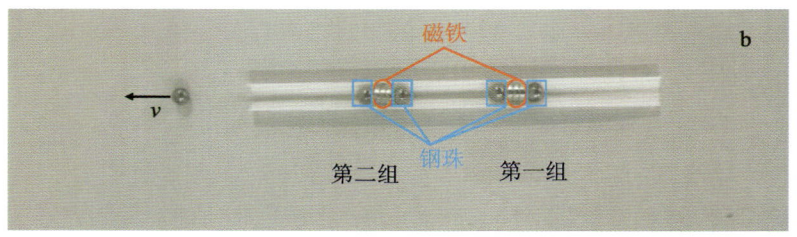

图 6.16-1　磁力炮弹演示实验

注意事项

(1) 圆柱形磁铁和小钢球两者的质量比应该大一些，且用强力磁铁为佳，这样更有利于钢球获得更大的速度。

(2) 圆柱形磁铁和小钢球所用的组数越多，加速次数也越多，更有利于最后发射出去的小钢球获得更大的速度。

科学小知识

动能是自然界中各种能量中的一种,国际单位是焦耳,大小可以用数值描述,结果等于 $\frac{1}{2}mV^2$。

本实验中,假设最右侧的小钢球为静止状态,释放后小钢球被磁铁吸引而具有动能,当撞击到第一组磁铁时,假设获得一个单位的动能(1E)。小钢球被磁铁吸住而静止,动能传递给另一侧的第二个小钢球,假设碰撞过程没有能量损失,则此小钢球得到1E的动能,而且被第二组磁铁吸引后而加速运动,假设加速过程动能也增加为1E,则在撞击第二组磁铁前钢球动能变为2E。通过第二组磁铁传递后,理论上(假设距离相等、没有摩擦力等)最后弹射出的小钢球动能为初始小钢球撞击到磁铁时动能的2倍,而速度则约为1.4倍。同理,如果使用9组相同的强力磁铁,动能可以增加为9倍,速度增加为3倍。

磁力炮弹

6.17 佩珀尔幻象

佩珀尔幻象是一种投影技术(亦称"伪全息技术"),它是利用光学错觉来营造幻象,在一个空间中利用半透明半反光的玻璃镜面形成虚像,而半透明的玻璃后又可以看到景物,由此产生的幻象技术称为佩珀尔技术。佩珀尔幻象作为一种基于基本光学原理的古老魔术或演出戏法,加上现代的计算机渲染技术成就了舞台上美轮美奂的逼真影像,在现代化的表演和展示中有着广泛的应用。

科学原理

在相对昏暗的环境下,玻璃表面反射光线的能力较弱,肉眼基本上看不到玻璃墙的存在。当影像光源的光束与玻璃面成45°入射时,在玻璃的表面会发生反射和折射。一部分光经玻璃表面发射后,进入观众的眼睛,另一部分光透过玻璃继续传播。根据平面镜成像原理,平面玻璃所成的虚像的位置与源物体的位置相对于玻璃表面对称,由于不容易看到反射玻璃和影像光源,观众便认为自己眼中的像是由虚像所在的相对位置发出的,如果像的大小和位置又恰好符合透视原理,使观众的大脑自动将屏幕上的虚像与真实背景融合在一起,物体便凭空出现在空中。又由于玻璃表面光线发生的是部分反射,因此便形成了朦朦胧胧的虚幻影像。因此,在前后左右4个方位看到的图像正好对应空间内部物体的一个观察面,4个面共同组成了一个完整的类似于全息3D的图像。

实验方法

(1)将4片梯形状的透明投影膜粘在一起形成一个倒置的透明棱台。

（2）棱台各个面与棱台底部支撑面均成45°角，面向观察者方位向外有倾斜投影膜。

（3）在投影膜正下方放置光源物体，如手机里的在线播放视频。

（4）水平正视全息投影膜，便可以在内部空中观察到"立"起来的能够活动的虚幻图像，如图 6.17-1 所示。

图 6.17-1　佩珀尔幻象实验装置

注意事项

（1）此实验不适宜在光线太强的室外进行。
（2）播放的视频如果是前后左右对称的，观看效果会更佳。

科学小知识

此装置中，如果将透明投影膜换成单向透光性更好的全息膜，在全息膜的一侧涂有特殊涂层，可以大大减少一侧光线的透射率，在保持清晰的反射影像光线

的同时,让背景图像更加清晰,这样观众看到的几乎是全部的反射虚像和清晰的背景。某大演唱会上看起来可以以假乱真的"虚拟邓丽君",就是通过这种全息膜的镜面反射形成的。这种佩珀尔幻象式的伪全息3D显示的效果极佳,应用范围很广,除了应用于各种舞台表演之外,还可以用于课堂上的3D物理模型显示、宇宙天体介绍、多角度科学实验展示等。

佩珀尔幻象

6.18 硬币重现

当光从一种介质射向另一种透明介质时,在两种介质的分界面上,除了一部分光被反射外,还有一部分光进入另一种介质中,一般情况下其传播方向还会发生改变。如图 6.18-1 所示,在现实生活中,当你把筷子放进装有水的杯子中时,它看起来是不是似乎弯曲了?或者当你透过游泳池的水看底部时,你会发现物体的位置是不是移位了?这些都是光的折射现象。

图 6.18-1 光的折射现象

科学原理

光在不同介质中的传播速度是不一样的,这是导致光会发生折射的根本原因。当光线从一种介质斜射进入另一种介质时,它会发生折射,使得光线改变了原来的路径,光路出现了"拐弯"的现象。如图 6.18-2 所示,在这个实验中,当光线从碗中的水射向空气中时,会发生折射现象,光线轨迹会向碗口方向偏折。前期我们没有看见的硬币在往碗里加水之后又出现了，其实硬币并没有真正重现，而是我们看到的硬币发射的光线发生了偏移，我们看到的是硬币的虚像而已。

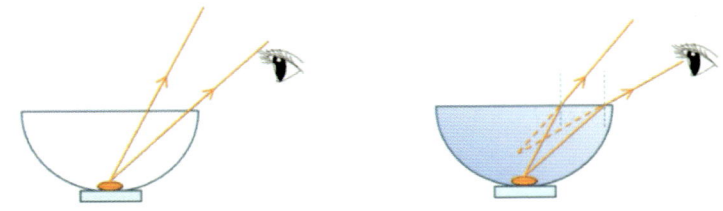

图 6.18-2　硬币重现原理示意图

实验方法

（1）实验器材：一个陶瓷杯、一枚硬币和半杯水。

（2）将硬币投入空杯中，人站在固定的位置保持同样的姿势，慢慢地将杯子向远离人的方向移动，直到从侧面看不到硬币为止，如图 6.18-3(a)所示。

（3）让另外一个人往碗里缓缓倒入清水，从碗的侧面观察，发现刚刚看不见的硬币又重新出现在观察者的视线中，如图 6.18-3(b)所示。

图 6.18-3　硬币重现演示实验

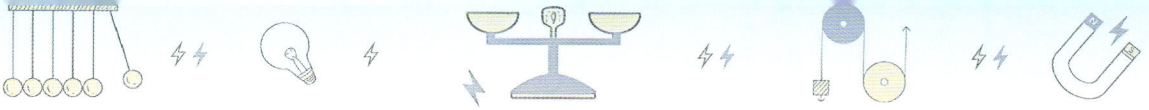

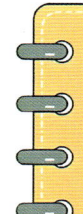 **注意事项**

（1）如果没有硬币，可以用钥匙等密度比水大的物体来代替。

（2）不要选择太深的杯子，否则光线折射后仍然有可能看不见硬币。

 科学小知识

当一束光线射向玻璃棱镜侧面时，在背后的光屏上会出现一条彩色的光带，红光在最上端，紫光在最下端，中间依次是橙、黄、蓝、绿、靛色，这种现象叫光的色散，也是一种光的折射现象。棱镜色散的分光作用在光谱分析仪器中得到了广泛的应用。

一束光从一种透明介质入射到另外一种介质时，光线的传播方向会改变，且其偏折角度大小取决于光的入射角度。改变入射角，相应的折射角也会改变，这些角度的改变可以通过斯涅尔定律的物理公式进行解释。关于光的折射解释，还有一个比较通俗的解释是费马原理：光遵循最短时间传播原理。光在空气中传播的速度比在玻璃中快，为了在空气和玻璃之间的传播时间最短，光必须弯折。因此，教科书上经常会用水上救生员的救援路径比喻光的折射原理。

硬币重现

7 汽车上的物理知识

7.1 空气动力学原理与汽车外形

汽车的外形设计和空气动力学原理密切相关。在车辆行驶过程中,车身表面会受到气流的阻力、压力和摩擦力,这些力的大小和分布会影响车辆行驶的稳定性和操控性。可以通过优化车身线条和曲面设计改善压力分布,降低空气阻力系数,提高车辆行驶的稳定性和操控性,从而减少车辆行驶时的能量消耗,提高燃油经济性,如图 7.1-1 所示。同时,合理的车身设计还可以降低风噪和风阻,提高车辆行驶的稳定性,各种车型风阻系数如图 7.1-2 所示。汽车发动机和其他部件在工作过程中会产生热量,需要通过散热部件将这些热量散发出去,优化散热系统的布局和结构设计,提高散热效率,确保车辆在高温环境下的安全性和可靠性。

图 7.1-1　汽车流线型设计减少风阻

汽车外形设计经历了多个发展阶段,从最初的马车形汽车到现代的楔形汽车,每个阶段都有其独特的特点和代表性的车型。

(1)马车形汽车:最早的汽车是仿照马车设计的,因当时的发动机功率太小,车辆不能太重,所以敞开式的设计比较适合,这种汽车被称为无马的"马车"。

图 7.1-2 各车形风阻系数

（2）箱形汽车：随着技术的进步和发动机功率的提高，人们开始追求更加舒适和安全的汽车外形。1915年，美国的福特公司生产了第一款箱形汽车，它解决了遮风挡雨的问题，为后来的汽车外形设计奠定了基础。

（3）甲壳虫形汽车：为了进一步提高汽车的速度和效率，工程师们开始探索新的汽车外形设计。1934年，美国克莱斯勒公司生产了世界上第一款流线型汽车，即甲壳虫形汽车。这种汽车设计大大减小了车辆的阻力，提高了行驶速度。

（4）船形汽车：为了解决甲壳虫形汽车横向不稳定的问题，船形汽车应运而生。这种汽车设计具有较低的风阻系数和较好的稳定性，成为了20世纪50—60年代的主流汽车设计。

（5）鱼形汽车：为了进一步提高汽车高速行驶时的稳定性和安全性，工程师们设计了鱼形仿生汽车。这种汽车设计将车辆的尾部设计成鱼尾的形状，有效地减少了涡流的形成，提高了行驶稳定性。

（6）楔形汽车：自1963年起，楔形汽车开始流行。这种汽车设计将车身整体向汽车前下方倾斜，汽车前部高度降低，后部比前部略高，形状像一个楔子。这种设计不仅具有优美的外观，还能有效地克服汽车高速行驶时发飘等问题，是适用于高速行驶的一款汽车。

总之，流线形是现代汽车设计中非常流行的形状之一。通过平滑的车身曲

转向灯:颜色为黄色,主要起警示作用。因为黄色光线的穿透力也很强,在雾天、雨雪天气和雾霾天气等能见度不高的条件下,黄色转向灯仍能清楚地显示车辆的变道指示方向,从而保证行车安全。

雾灯:颜色主要是黄色。雾灯光必须具有散射的作用,才能让光束尽可能向前方发散成面积较大的光簇,使对面驶来的车驾驶员既能看清楚目标,又不觉得刺眼。在相同情况下,黄色光的散射强度是红色光散射强度的 5 倍。按照中华人民共和国《汽车及挂车外部照明和光信号装置的安装规定》(GB 4785-2019),汽车必须安装 1~2 个后雾灯。若只配备 1 个后雾灯,则应安装在车辆前进方向的左侧,离地高度不小于 250mm,但不大于 1000mm。前雾灯为选装,汽车前雾灯颜色应为白色或黄色,离地高度不小于 250mm,而后雾灯颜色必须为红色。

制动灯:颜色为红色。向车辆后方其他使用道路者表明车辆正在制动中。

2. 车灯设计

光学在车灯设计中的具体应用主要体现在对光束的调制和不同情景下色彩和照明要求的灵活运用。透镜和棱镜的应用,可以改变光线的传播方向,使光线聚焦或扩散,从而实现更好的照明效果。棱镜可以将光线分解成不同的颜色,形成多彩的效果,增加车灯的视觉效果。反射装置通常采用凹面镜或凸面镜等光学元件,可以将光线反射并聚焦到指定的方向或增强车灯的照明范围和亮度。以汽车的前照灯为例,通常包括远光灯和近光灯两种,通过切换不同的灯光模式,可以满足不同情境下的照明需求。前照灯的设计中,通常会采用透镜和反射镜的组合,使光线在经过折射和反射后,能够形成更加均匀、明亮的光束,提高夜间驾驶安全性,如图 7.2-2 所示。

图 7.2-2 双光透镜前照灯

在汽车的车头灯设计中,通常还会采用横竖条纹的玻璃保护罩,这些条纹实际上是由多个小透镜和棱镜组成,可以将光线进行分散和聚合,使车灯的照明范围更广、亮度更高,如图 7.2-3 所示。

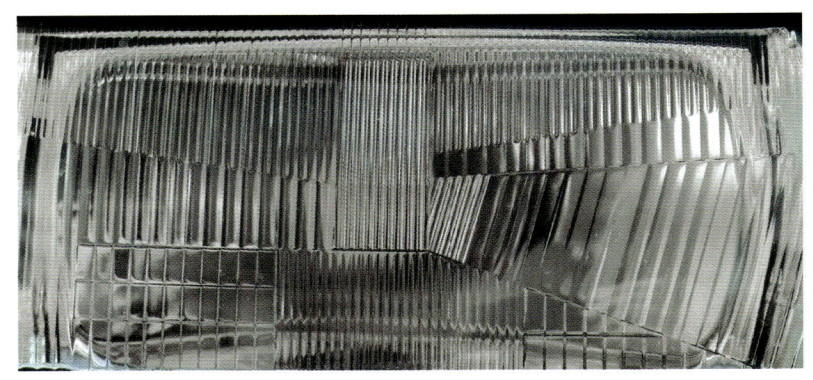

图 7.2-3　汽车车灯玻璃保护罩

如果车灯设计不合理,容易产生炫目光。炫目光是指前照灯发出的光强度超过了人的眼睛所适应的范围。人的眼睛突然被强光照射时,由于视神经受刺激而失去对眼睛的瞬间控制,会本能地闭上眼睛或只能看到强光而看不到暗处物体的生理现象。会车时,前照灯发出的强光会使汽车驾驶员产生眩目情况,导致驾驶员失去观察视野,盲目开车,易造成交通事故。前照灯的防眩目措施如下。

(1)采用双丝灯泡。就是远光和近光灯丝并装的一种灯泡,用变光开关控制其电路,夜间公路行车且对面方向无来车时,使用远光灯,以增大照明距离,保证行车安全。夜间公路行车会车、市区行车或尾随其他车辆行驶时,使用近光灯。远光灯丝装于反射镜的焦点处,远光灯丝的光线经反射镜聚光反射后,沿光学轴线以平行光束射向远方,可以照亮车辆前方 150m 以上的路面。

(2)采用配光屏的灯泡。这种灯泡是在双丝灯的近光灯丝下方安装配光屏,使近光灯丝射向反射镜上部的光线经反射后照向路面,遮住了射向下半部分的光线,减少了反射镜射向道路上方可能引起眩目的光线。由于带配光屏的灯泡防眩目效果好,性能可靠,在现代汽车中应用十分广泛。

(3)采用不对称光形(E 型或 Z 型)。为了达到既能防止眩目,又能以较高车速会车的目的,我国汽车的前照灯近光采用 E 型不对称光形设计,将近光灯右侧亮区倾斜升高 15°左右,即将汽车行进方向光束照射距离延长。欧洲汽车前照灯是将左侧近光亮区升高 15°，这种光形的产生既有遮光罩的作用，又有配光镜的作用。还有些汽车采用了 Z 型不对称近光光形，该光形明暗区域呈反 Z 型，故称 Z 型配光。Z 型光形性能更加优越，不仅可以避免迎面而来的汽车使驾驶员产生的眩目情况，还可以防止迎面而来的行人和非机动车骑行者产生眩目情况，进一步提高了汽车夜间行车的安全性。

3. 光影成像之车窗斜与直造型

不知道大家驾驶小汽车时有没有留意到这种现象——前挡风玻璃是斜的，如图 7.2-4 所示，这种设计主要是基于以下原因：

图 7.2-4　汽车前挡风玻璃

（1）减少空气阻力：当汽车行驶时，如果挡风玻璃是垂直的，气流撞击到宽阔的玻璃面上，会大大降低汽车向前移动的速度，发动机需要燃烧更多的汽油以维持较大的速度。倾斜的挡风玻璃就可以让气流向汽车后上方流动，从而减少空气阻力，提高汽车的行驶效率，降低油耗大小。

（2）增加安全性：倾斜的挡风玻璃设计可以有效避免"镜面成像效应"。由于小汽车高度较低，暗色的路面或路边建筑物可能成为玻璃的"底色"。如果挡风玻璃竖直安装，它就像一面镜子，车内的人影和座椅，特别是夜晚后方行驶的车发出的强烈灯光，会在挡风玻璃上反射形成虚像，干扰司机的正常判断。倾斜安装的挡风玻璃可以将这些虚像移至司机视野的前上方，避免对司机产生视觉干扰，提高驾驶安全性。

（3）保护行人：倾斜的挡风玻璃使车内物体的像成在挡风玻璃的前上方，司机可以更容易地将车内的物体与前方的行人区分开来，避免误伤行人。

（4）减少干扰：倾斜的挡风玻璃设计可以使砂砾或其他撞击玻璃的固体碎片

向上滑动,而不会直接撞击到挡风玻璃上,从而减少对驾驶员的干扰。

那为什么大型汽车的前挡风玻璃基本是竖直的呢?大型车辆的挡风玻璃通常不是完全竖直的,而是稍微倾斜的,如图 7.2-5 所示。这是因为大型车辆如货车、公交车等驾驶员的座椅相对较高,这样的设计使得驾驶员的视线为俯视,即使挡风玻璃竖直安装,也不会干扰驾驶员观察路况。如果挡风玻璃的倾斜度过大,会增加驾驶难度,因为车身长度增加了,对驾驶员的操控能力也有更高的要求。另外,大型车辆由于整体结构体积较大,即使将挡风玻璃设计成倾斜状,实际效果也不明显。同时,由于大型车辆通常会被限速,风阻对速度的影响相对较小,因此风阻不是大型车辆设计考虑的主要因素。

总之,光学技术在车灯设计中的应用是多种多样的,通过这些不同的应用场景,可以实现更好的照明效果、更高的能效和更丰富的视觉效果,提高汽车驾驶的安全性和舒适性。

图 7.2-5　大型客车前挡风玻璃

7.3 汽车行驶中的运动学与力学知识

汽车的启动与物理学知识密切相关,主要涉及力学和运动学相关原理。在汽车启动过程中,需要考虑多种力的共同作用效果,包括牵引力、阻力和摩擦力等。

首先,当汽车从静止状态开始启动时,需要克服的力主要是静摩擦力。根据牛顿第二定律 $F-f=ma$,当牵引力大于静摩擦力时,才能产生向前的加速度使汽车启动。一旦汽车开始运动,所受的摩擦力变为动摩擦力,其大小与接触面材料、运动速度和表面粗糙度等因素有关。

其次,汽车启动还涉及功率和速度两者的相互关系。根据功率的定义 $P=Fv$,当汽车的功率一定时,汽车速度的增加会导致牵引力的减小。因此,在恒定功率启动的情况下,汽车会经历一个加速度逐渐减小的运动过程,直到牵引力等于阻力时,汽车达到最大速度并开始进行匀速行驶。

此外,汽车启动还与发动机的动力性能有关。发动机的功率和扭矩等参数会直接影响汽车的启动性能和加速能力。例如,发动机的功率越大,汽车能够产生的最大牵引力就越大,从而能够更快地克服摩擦力而启动并加速运动。

当我们驾驶车辆时,制动系统是最常用的结构之一。那么,摩擦力是如何在制动系统中发挥作用的呢?

简单来说,摩擦力是通过制动盘和刹车片之间的摩擦来实现车辆减速的。当我们踩下制动踏板时,刹车片会与制动盘接触,由于两者之间的摩擦力,车辆会逐渐减速直至停止。我们可以把这个过程想象成用手快速地紧紧握住一个旋转的飞盘使其停下的过程，在这个过程中我们用手的力量形成的摩擦力来减缓飞盘的旋转速度，使其最终停止旋转。汽车制动系统的原理与此类似，只不过刹车片和制动盘是由车轮和制动器来完成的，如图 7.3-1 所示。

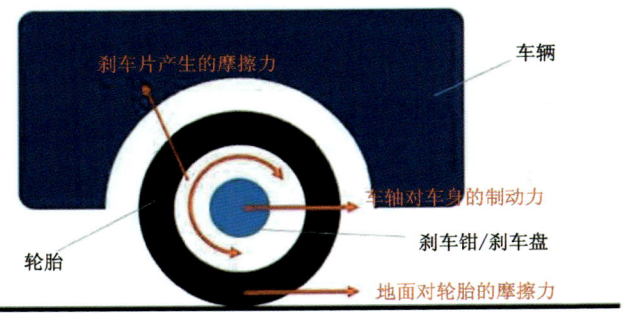

图 7.3-1　汽车刹车瞬间轮胎受力示意图

在选择轮胎时，考虑到车辆在行驶中需要牢牢地抓住路面，以确保安全驾驶。因此，轮胎的橡胶材质、纹路设计等都需要充分考虑到摩擦力的因素。橡胶的摩擦系数、硬度、弹性等特性都会对轮胎的性能产生影响，轮胎纹路的设计一是为了提高与地面的摩擦力，二是为了雨雪天气能够快速地排水，增加行驶的稳定性和安全性。

汽车在行驶过程中，驾驶员也需要注意摩擦力对驾驶和操控行为的影响。在急刹车或弯道驾驶时，车辆的轮胎需要充分利用与地面的摩擦力来增加制动和转向效果。如图 7.3-2 所示，在拐弯处紧急刹车时，汽车的运动轨迹明显外拐，类似于有一种向外漂移的感觉。此外，在恶劣的天气条件下（如雨天、雪天），路面摩擦力会大幅降低，驾驶员需要采取相应的措施，如减速、增加车距、换装雨天专用轮胎等，以保证行车安全。

图 7.3-2　汽车转弯示意图

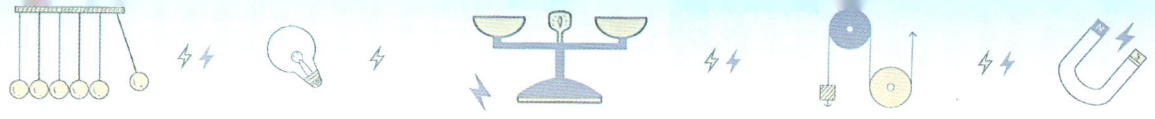

　　总之,摩擦力在汽车运动中扮演着至关重要的角色。通过摩擦力作用,制动系统可以有效地将车辆停下来,轮胎可以抓住路面确保行车安全。驾驶员也需要时刻关注路面摩擦力的变化,采取相应的措施来确保行车安全。

7.4 时空关系妙用于汽车驾驶辅助系统

时间、位置和距离是常见物理量,当这些物理量与传感器技术和视觉系统集成到一起后就形成了汽车驾驶辅助技术,这些技术能够帮助汽车更好地感知周围环境,达到车、路和人之间的智能相互协同的目的。

1. 激光雷达

激光雷达是一种主动式光学传感器,它通过向周围环境发射激光脉冲并测量反射回来的信息,来获取周围物体的距离、速度和方向等信息。汽车前保险杠上的激光雷达通常被用来构建车辆周围的三维环境模型,为自动驾驶系统提供精确的环境感知数据,如图 7.4-1 所示。

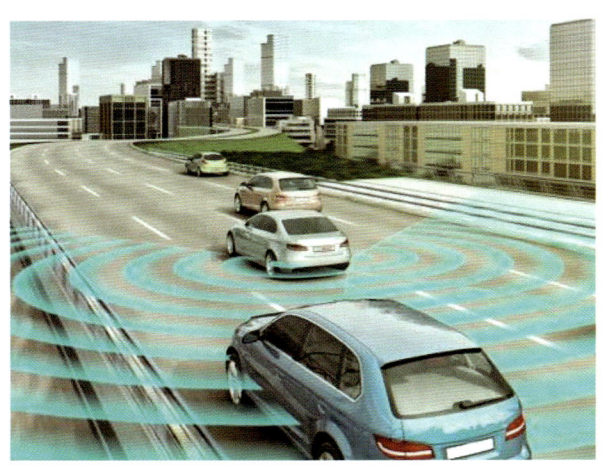

图 7.4-1　汽车激光雷达示意图

2.摄像头

摄像头是另一种常见的光学传感器，它被广泛安装在汽车前保险杠上。通过捕捉车辆前方的图像，摄像头可以识别行人、车辆和交通标志等，为车辆的自动驾驶系统提供视觉信息和运动数据。此外，摄像头还可以与图像处理技术相结合，实现车道偏离预警、碰撞预警等，如图 7.4-2 所示。倒车雷达已经是非常成熟的技术，其工作原理如图 7.4-3 所示。

图 7.4-2　汽车车载摄像头

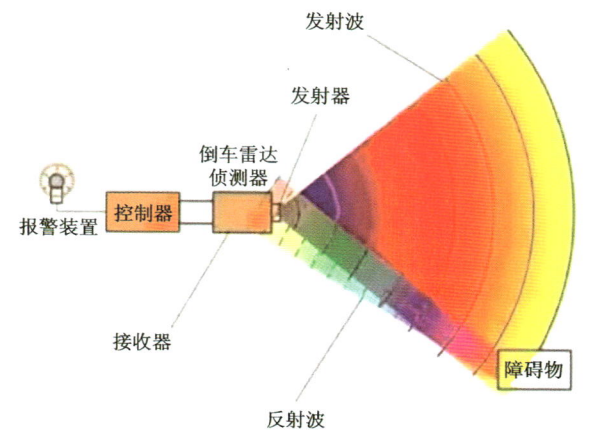

图 7.4-3　倒车雷达工作原理示意图

3. 红外传感器

红外传感器可以检测车辆周围不同温度的物体所对应的红外线分布,从而发现潜在的障碍物或行人。这种传感器在夜间或低光照条件下的表现尤为出色,提高了车辆在恶劣环境下的感知能力。

4. 前向碰撞预警

通过雷达系统来时刻监测前方车辆,判断本车与前车之间的距离、方位及相对速度,当存在潜在碰撞危险时对驾驶者进行警告,其工作原理与图 7.4-3 相似。预警包含前方碰撞预警和自动紧急制动两大主动安全辅助功能,可预警碰撞或降低车速。当具有前向碰撞风险时,前向碰撞预警将通过视觉、听觉和触觉警示驾驶员,直至驾驶员在限定的时间内施加制动或碰撞风险自然解除,否则车辆将会进行自动制动。前向碰撞预警可能启用短促、急促的制动来应对不同的碰撞风险,对于大多数驾驶员来说,这属于非正常的外在干预,可能感觉到非常不适应。如果碰撞风险进一步增大,无论驾驶员是否采取了制动措施,自动紧急制动将进行制动。当前向碰撞预警成功地避免了碰撞后,车辆将保持短暂的静止,驾驶员应尽快采取主动制动措施。前向碰撞预警是一个辅助功能,无法在所有情况下帮助驾驶员制动,最多只能通过尝试降低行驶速度来最大程度地减少正面碰撞的冲击,并且系统的设计思路是尽量晚启动,避免非必要的介入。驾驶员或乘客通常只有在车辆快要发生碰撞的情况下才注意到前向碰撞预警的作用,切勿依赖前向碰撞预警来代替驾驶员来作出的正确应对措施。

5. 盲区监测系统

当车辆行驶速度大于 10km/h 时,安装在汽车后保检杠内的雷达传感器将自动启动,实时探测左方、右方各 3m 和后方 8m 范围内的车辆,获取其距离、运动速度和方向数据。通过系统算法排除固定目标和逐渐远离的物体,当探测到盲区内有车辆靠近时,即使驾驶员看不到盲区内的车辆,指示灯闪烁提醒启动,驾驶员也能感知后方有车辆驶来,避免变道时可能会发生碰撞。如果驾驶员忽视指示灯闪烁,并打开转向灯准备变道时,系统将发出语音警报提醒驾驶员变道危险。

6. 自适应巡航系统

本系统应用在按设定车速进行巡航控制的系统中,增加与前方车辆保持合理间距控制的功能。车间距传感器采用了微波雷达,根据车间距传感器检测的信息,以及车速传感器和横摆角速度传感器检测本车行驶路线上的信息,判断在

本车的同一条车道上前方有无车辆行驶。当前方无车辆时,车辆将处于普通的巡航驾驶状态,按照驾驶员设定的车速行驶,只需要进行方向的控制;当车辆前方出现目标车辆时,如果目标车辆的速度小于本车辆时,车辆将自动开始进行减速控制,确保两车的距离为所设定的安全距离;当两车之间的距离等于安全车距后,采取跟随控制,即与目标车辆以相同的车速行驶;当前方的目标车辆发生移线后,或主车移线行驶且前方又无行驶车辆时,系统将对主车进行加速控制,使主车恢复至设定的行驶速度。

7.5　基于传感器技术的防夹功能

汽车防夹功能是一项重要的安全技术，主要应用在车窗和天窗等部分。当车窗或天窗在关闭过程中遇到阻力，如触碰到手、头等部位，防夹功能会自动停止关闭动作，或者将玻璃上升行程改为下降行程，从而避免夹伤。

防夹功能主要通过安装一组电流传感器（如霍尔传感器）实现。这些传感器随时监测电机转速，当检测到速度发生变化时，会向电子控制单元报告信息。电子控制单元接收到信息后，会向继电器发出指令，使电机停止或反转，从而使车窗或天窗停止向上移动或下降。汽车防夹功能的物理原理主要归结为以下几个方面：

1. 压力感应

当车窗或天窗在关闭过程中遇到阻力，如手指、手臂、玩具、动物等，车窗或天窗上的压力感应装置会立即检测到这种阻力大小。一旦检测到阻力，系统会立即停止车窗或天窗的关闭动作，并可能自动将其打开一小段距离，以避免夹伤。

2. 光电感应

部分车辆的防夹功能还采用了光电感应技术。装置通过发射红外光束或激光束，并接收到反射回来的光信号。如果光束在运动过程中被阻挡或遮挡，装置会立即停止运动并逆向运动。这种技术可以快速识别不同类型的物体，并准确判断是否存在夹紧危险。

3. 动态检测

一些先进的防夹系统使用动态检测技术。装置通过检测电动窗或门在运动过程中的电流变化、电机负载、速度等参数,来判断是否发生夹伤的情况。一旦检测到异常,装置会迅速停止运动并逆向运动。

所有的防夹功能都由一个专用的控制单元进行管理和控制,该控制单元接收来自各个传感器的信号,并根据预设的算法和数值,控制车窗或天窗的运动。当检测到有夹损风险时,控制单元会发出停止信号,以确保乘客和物品的安全。

7.6 电流热效应的车窗加热功能

车窗加热的原理是在车窗玻璃内部嵌入电热丝或加热膜,通过电流加热这些电热丝或加热膜,使其产生热量传导至车窗玻璃。这种加热方式可以使车窗玻璃表面温度升高,从而去除冰雪、雾气或雨水等障碍物,提高驾驶的安全性和舒适性。

当车窗加热功能开启时,车辆电气系统会向车窗玻璃内部的电热丝或加热膜提供电流。这些电热丝或加热膜在电流的作用下会产生热量,并将热量传导给车窗玻璃。车窗玻璃表面温度随之升高,冰雪、雾气或雨水等障碍物会被加热融化或蒸发,从而达到去除障碍物的目的。有些车的后车窗玻璃上,会看到一根一根的铜线,有点像百叶窗的样子,这是什么呢?很多人认为这是车窗贴膜用来起装饰作用的,确实有些是贴膜贴的,但肯定不仅仅是装饰功能,这一根根铜线是后车窗加热电阻丝。它是通过加热后车窗,用来除霜除雾的。

我们都知道前挡风车窗的除雾一般都是用出风口的风去吹,那为什么后车窗除雾要用电阻丝加热的方式呢?

首先,汽车功能设计条件不允许,因为汽车的空调压缩机、进风口等都在车前引擎盖下面,给前挡风玻璃设置一个通风管道非常方便。但是如通风管道连接到后车窗的话,肯定使设计更复杂,不如直接安装一根电线,用电阻丝加热的方式则更加容易实现,其外观如图7.6-1所示。

其次,后车窗那一根一根的铜线特别明显,如果前挡风玻璃也用这种铜线,肯定会影响我们的驾驶视线。所以,对前挡风车窗的电阻丝对于铜线的要求更高,要做到更细、更隐蔽。从前挡风玻璃的生产成本角度来考虑,前挡风玻璃一

图 7.6-1 后车窗加热丝

般不用电阻丝加热。

最后,金属材料的电阻丝也是有寿命的,后车窗玻璃加热开关打开后,大概 15min 就会自动关闭,也是为了保护这个电阻丝。虽然电阻丝不会像钨丝灯泡中的钨丝一样会熔断,但是长时间用后会老化,影响加热功能。

需要注意的是,车窗加热功能使用时还需要注意安全。由于车窗玻璃表面温度会升高,可能存在烫伤的风险。因此在使用车窗加热功能时,应避免触摸车窗玻璃表面,以免发生烫伤。同时,需要注意及时关闭车窗加热功能,避免过度加热导致车窗玻璃破裂或损坏。

此外,车窗加热功能的效果可能受到很多因素的影响,如环境温度、冰雪厚度、雾气湿度等。在使用车窗加热功能时,需要根据实际情况进行判断和调整,以达到最佳的使用效果。

7.7 汽车上的物理知识应用展望

物理知识在汽车上的应用非常广泛，几乎涵盖了汽车上的所有系统和组件，除上述章节所述的物理原理在汽车上的应用外，有兴趣的读者还可以进一步了解物理知识在其他场景上的应用。

1. 力学

汽车的加速、制动、转弯等都运用了力学的知识。例如，汽车的动力系统、悬挂系统和制动系统都需要应用牛顿第二定律和牛顿第三定律等力学原理。此外，车辆设计和制造过程中也需要考虑平衡力、离心力、伯努利效应等因素，以确保车辆的稳定性和安全性。

2. 热力学

汽车发动机的工作过程运用了热力学的知识。例如，燃烧过程中的能量转化、可逆循环、燃烧效率等都是热力学在汽车上的重要应用。此外，汽车冷却系统也需要应用热力学知识，以确保发动机及其他部件的正常运行。

3. 电磁学

现代汽车中越来越多地采用了电子与控制技术，如电动汽车的电磁驱动、ABS防抱死系统、电子稳定控制系统、智能巡航控制系统等，这些都是运用了电磁学知识。此外，汽车的蓄电池、发动机、点火系统等也都运用了电磁学知识。

4. 光学

汽车的车灯设计、后视镜设计、仪表盘显示等都运用了光学知识。例如车灯的设计需要考虑到光的反射、折射和散射等光学现象，以确保良好的照明效果。

后视镜的设计则需要考虑到光的反射和成像等光学知识,以扩大驾驶员的视野范围。

5.声学

汽车的噪声控制和音响系统都运用了声学知识。例如,为了减少车辆噪声,需要对发动机、排气系统等进行声学消音处理。同时,汽车的音响系统也需要应用声学原理,以确保音质清晰、逼真。

总之,物理知识在汽车上的应用非常广泛,涵盖了力学、热力学、电磁学、光学和声学等多个领域。这些物理原理的应用不仅提高了汽车的性能及安全性,还推动了汽车技术的进步和发展。

8 科学家精神

8.1 爱国科学家的感人故事

我们生活中处处离不开物理知识。物理科学作为自然科学的重要分支，不仅对人类物质文明的进步和自然界的科学认识起了重要的推动作用，而且对人类的科学思维发展也产生了不可或缺的影响。从亚里士多德时代的自然哲学，到牛顿时代的经典力学，直至现代物理中的相对论效应和量子力学等，物理科学中的每一次进步都与我们的生活息息相关。在攀登科学高峰的道路上，人类每向前一小步，都蕴含着无数科学家们的心血和汗水，科学家们所取得的成功来源于他们高贵的品格、非凡的毅力、超常的勇气和无与伦比的信心，这些优秀品质永远都值得我们学习和借鉴。

1. 中国原子弹之父——钱三强

钱三强，核物理学家，被誉为"中国原子弹之父"，钱三强全部的科学生涯中都贯穿着崇高的爱国主义精神和品格。他那宽阔的胸怀、勇挑重担的气魄、杰出的组织才能、甘为人梯的精神、谦逊朴实的作风以及只求奉献、不求索取的高风亮节值得我们所有人尊敬和怀念。在钱三强身上，我们看到了科学价值和道德追求的高度统一。

1964年10月16日，在我国西部地区，一朵巨大的蘑菇云缓缓升起，我国第一颗原子弹爆炸成功了！这一喜讯，从此结束了中国没有原子弹而被别人核讹诈的历史，掀开了我国原子能事业的新篇章。为了这一天的早日到来，许多科学家和科技工作者付出了辛勤劳动和毕生精力。我国著名的核物理学家钱三强就是他们之中的一员。

钱三强出生于浙江绍兴，原籍浙江湖州。在学生时代，钱三强就勤奋好学，以优异的成绩毕业于清华大学物理系。后来，钱三强告别了祖国和亲人，远涉重洋，来到了法国巴黎，坐落在这里的居里实验室是世界核物理与放射化学研究中心之一。

钱三强来到居里实验室，他的导师是居里夫人的长女伊雷娜·居里和女婿弗雷德里克·约里奥，他们对待科学问题研究严谨认真、一丝不苟的态度，对钱三强产生了重要影响。学习期间，钱三强一方面要认真完成博士论文，另一方面向新的科学技术领域进军。他这样想：这里有世界一流的实验条件和设备，有世界上最著名的老师指点，一定要多学一点，将来回到祖国，一定会派上用场。在巴黎，钱三强除了住处、实验室和图书馆"三点一线"外，哪儿也不去。他深知，目前他从事的科研方向，在祖国还是一片空白，研究成果到底如何，将对祖国未来的科技事业起步产生重要影响。在他到法国的第二年，就与导师伊雷娜·居里一起做有关验证核裂变现象的实验。他做实验速度快，质量又高，导师非常满意。有一次，为了观测分析实验结果，他和导师伊雷娜·居里一连几天没有吃好睡好。到了周末，导师请他到家里做客，他婉言谢绝了。后来，居里夫人的丈夫又来请他，他有点过意不去，但是想了想，还是坚持留在实验室继续工作。两个星期以后，他们终于获得了满意的实验结果！他的导师打趣地说："钱先生，听说你是属牛的，干起事来还真有股牛劲哩！"导师的幽默风趣，让钱三强和在场的人都开心地笑了。

新中国成立前夕，钱三强怀着一颗赤子之心，回到了阔别11年的祖国。钱三强回国后，领导给了他一项艰巨的任务，就是筹建中国科学院近代物理研究所。他二话没说，勇敢地挑起了这一重担。

当时除了几个人和几间房外，其他什么都没有，加上当时国际上对我国实行全面封锁、禁运，但钱三强仍然满怀信心地努力工作着。在大家的努力下，近代物理研究所已初具规模。有一位外国学者，看了中国当时的科研条件和设备后，摇着头说："就你们目前的情况，要向世界瞩目的核科学领域进军，简直不可想象。"然而，钱三强和其他科学家就是在这"不可想象"的基础上，群策群力，艰苦创业，经过不懈的努力，终于研究制造出了原子弹，使我国跻身于世界上核大国之列！1967年6月17日，我国第一颗氢弹爆炸成功，成为世界上从原子弹爆炸到氢弹爆炸进展速度最快的国家。

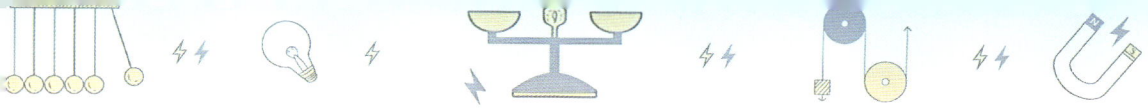

2. 中国汽车工业的"拓荒牛"——孟少农

孟少农,躬身汽车技术的科学家,是中国汽车工业的"拓荒牛",也是培育中国汽车工业人才的教育家。他毕生致力于汽车工业建设事业,成功地领导了中国第一汽车制造厂、陕西汽车制造厂和东风汽车公司几代产品的研制和开发,为培养中国汽车人才和促进中国汽车工业及汽车工程教育的发展作出了巨大贡献。孟少农把自己的一生都奉献给了新中国的汽车工业事业,不仅为我们树立了光辉的艰苦奋斗榜样,更为后人留下了宝贵的精神财富。从孟少农的生平和许多人的回忆文章中,我们能够看到闪闪发光的孟少农精神。

孟少农,1915年出生于北京市,1941年赴美国麻省理工学院机械系学习。毕业后,他婉拒了中外导师建议他转学物理和继续攻读博士的建议,而是去福特汽车厂实习深造,立志要做一个实践者,把美国的工厂搬到中国去!后来他顺利进入美国福特汽车公司、锤士兰森机器公司实习,紧接着在美国司蒂贝克汽车公司、美国林登城中国发动机厂任工程师。1946年5月,"二战"后中美通航,心念祖国的他毅然拒绝了国外优厚的待遇,乘坐第一班轮船回到了祖国怀抱。

他几十年身处一线和扎根基层,不断地攻坚克难,解决汽车设计制造中的实际工程技术问题,先后在政府部门、第一汽车制造厂、陕西汽车制造厂和第二汽车制造厂工作。他在清华大学任教时开创了高等学府中第一个汽车专业,1950年初开始筹备创建中国汽车工业,直到1956年7月把全部精力和智慧倾注到中国第一汽车制造厂,结束了新中国不能生产汽车的历史。1971年5月,他调到陕西汽车制造厂主管技术工作,专心致志地为研制开发延安250型五吨越野车。1978年转战到二汽,带领二汽员工闯过质量、滞销、缓建三大关,发展横向联合经营,艰苦奋斗了整整10个春秋。

孟少农是新中国汽车工业技术的主要奠基人,为中国汽车工业的自主创新发展壮大作出了巨大的贡献。他历来十分重视人才培养,积极倡导企业办教育并勇于实践,主张办教育要充分调动学校和企业的积极性,坚持教育与生产实践相结合。为了发展中国汽车工业,他从创办清华大学汽车专业开始,提出选拔干部和实习生到苏联学习,在中国第一汽车制造厂创办长春汽车工业学校,在陕西汽车制造厂创办职工大学,以及在中国第二汽车制造厂建立了教育中心,实施四年制本科教育,创办了湖北汽车工业学院。在培养人才方面,他付出了艰辛劳动,把自己的智慧才能、渊博的理论知识和丰富的实践经验毫无保留地传给年轻后辈,孟少农先生堪称是培育中国汽车工业人才的教育家。

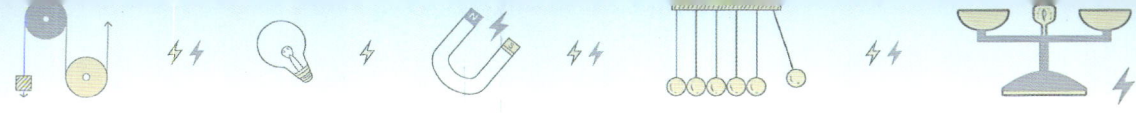

  国家的崛起正是由无数个像孟少农这样的科学家接续奋斗和奉献造就的,他青年时期就将个人的发展与国家的命运紧密相连。在国家汽车工业技术迅猛发展的今天,我们应当仁不让地肩负起应有的责任,将个人的发展和国家的需要相结合,勇攀高峰,凝聚无穷无尽的前进力量。

8.2 弘扬和传承科学家精神

从科学家们的故事中,不难发现他们身上都有一个共同的特点,就是对于未知事物都有强烈的好奇心和求知欲。他们以严谨的态度和超凡的智慧,不断探索未知的领域;他们从观察现象、提出假设开始,通过实验和观察来验证假设,最终得出结论;他们的工作不仅仅是追求知识,更是为了解决人类面临的各种问题。科学家们从不畏惧失败,勇于面对挑战,持续不断地探索和创新。科学家精神的体现不仅限于实验室的工作中,还展现在解决现实问题和改善人类生活的美好愿望中。

各种科学成就的取得都离不开精神的力量,要大力弘扬科学家精神,加强国家战略科技力量和自主创新能力建设。在我国社会主义建设道路的探索时期,尤其是三线建设时期,正是科学家精神支撑着老一辈科学家们克服物质上的匮乏和科研硬件上的种种困难,取得巨大历史性成就的关键所在。在我国改革开放前40年的中国式工业化道路探索时期,以钱三强、孟少农为代表的老一辈科学家们所具有的一心报国、自主创新、艰苦奋斗、淡泊名利、潜心研究的科学家精神,为我国打破外部的封锁与垄断,自力更生建立起独立完整的工业体系发挥了重要作用。

科学家精神是科技工作者在长期科学实践中积累的宝贵精神财富,是心怀祖国、服务人民的爱国精神,是勇攀高峰、敢为人先的创新精神,是追求真理、严谨治学的求实精神,是淡泊名利、潜心研究的奉献精神,是集智攻关、团结协作的协同精神,是甘为人梯、提携后学的育人精神。它如同一支熊熊燃烧的火炬,在一穷二白、筚路蓝缕的时代被先行者们小心翼翼地点燃。从此,无论前方道路如何坎坷,它一路被传递着、保护着、扩散着,引领着越来越多的青年学子投身到新时代的科学事业中去。

8.3　新时代呼唤更多的科学家

亲爱的读者，如果你想成为一名科学家，需要更加努力学习，以更高的标准要求自己，不仅要在科学研究中做出创新性的成果，还要关注世界和人类的福祉，积极履行自己的社会责任。

成为一位优秀的科学家，不仅需要扎实的专业知识和研究能力，更要肩负起伦理责任和社会使命。在努力成为一名科学家的道路上，我们应该做到以下几点：

（1）推进科技进步。科学家有责任不断探索新的科学领域，推动科技进步，为社会的发展作出贡献。

（2）传播科学知识。科学家应该积极传播科学知识，提高公众的科学素养，帮助公众理解科学原理和应用。

（3）坚守科学伦理。科学家进行科学研究应该遵守科学伦理，避免对人类和环境造成危害，同时也需要关注科技成果的安全性和伦理问题。

（4）承担社会责任。科学家应该关注社会问题，积极参与社会公益事业，为社会的发展和进步贡献自己的力量。

（5）促进国际合作。科学家应该积极开展国际合作，共同推进人类命运共同体科技事业发展，为全人类的福祉作出贡献。

当前，中国在多个领域中还有一些待突破的"卡脖子"技术，如高端芯片制造、精密制造技术、生物医药技术、工业机器人技术、新材料技术、高端医疗设备、航空发动机技术、生物育种技术、关键零部件制造、操作系统和基础软件、工业互联网技术、航空航天技术、人工智能技术等。这就需要我们青少年保持强烈的好奇心和求知欲，具有批判性思维和创新能力，了解科学研究的伦理规范和社会责任，关注社会发展和科技进步，积极参与科技创新活动，为建设科技强国打下坚实的科学基础。

历史已经向我们证明：科学问题就在我们身边，科学突破也随时出现在我们的笔尖之下，划时代的伟大发明和科学创造很可能就存在于我们眼前的微光一闪或耳边的一丝杂音中。要真正认识和研究这些潜伏于平凡中的科学问题，关键在于培养一种"好奇的凝视"与"追问的习惯"。面对那"微光一闪"，我们不应仅止于惊鸿一瞥，而应点燃思考的火炬，追问其本质、成因与规律。倾听那"一丝杂音"，我们不应轻易将其滤除，而要视其为宇宙低语传递的线索，探求其背后的科学图景或信息密码。

这就要求我们既要有孩童般捕捉世界细节的敏锐性，又要有学者般对现象进行理性拆解与逻辑构建的能力。从观察到的细微异常出发，通过严谨的假设、精密的实验和反复的验证，将瞬间的直觉灵感转化为可检验、可重复、可推广的科学知识体系。最终，显微镜下的尘埃、茶杯里茶渍的轨迹、风中摇曳的树叶，都可能成为我们破译自然宏大叙事的密钥，将日常的"微光"与"杂音"凝结为照亮人类认知边界的璀璨星河。

主要参考文献

[1] 格瑞福斯,布罗斯. 物理学与生活[M]. 秦克诚,译. 北京:电子工业出版社,2015.

[2] 孙锡良,李旭光,杨兵初. 体验科学——物理演示实验教程[M]. 北京:科学出版社,2012.

[3] 陈杰,黄海铭,胡永金. 大学物理实验[M]. 北京:科学出版社,2025.

[4] 刘路沙,姜坤. 十大科学实验[M]. 南宁:广西科学技术出版社,2020.

[5] 魏天无,马军. 启智增慧—青少年科学精神培养[M]. 武汉:湖北教育出版社,2023.

[6] 刘贵兴,马鸿辉,倪闽景. 创新物理实验[M]. 上海:上海教育出版社,2006.

[7] 蒲利春,张雪峰. 大学应用物理[M]. 北京:科学出版社,2007.

[8] 杨建邺. 物理学之美[M]. 北京:北京大学出版社,2021.

[9] 原康夫,右近修治. 不可思议的生活物理学[M]. 滕永红,译. 北京:科学出版社,2013.

[10] 盛正卯,叶高翔. 物理学与人类文明[M]. 杭州:浙江大学出版社,2000.